Uno Svensson

Organisk-kemisk nomenklatur

-En introduktion till det kemiska språket

Förlag: BoD – Books on Demand, Stockholm, Sverige
Tryck: BoD – Books on Demand, Norderstedt, Tyskland
ISBN: 978-91-7969-492-0

Uno Svensson

Organisk-kemisk nomenklatur

-En introduktion till det kemiska språket

Förord

Den organisk-kemiska nomenklaturen, även kallad IUPAC-nomenklatur (IUPAC = The International Union of Pure and Applied Chemistry), kan i förstone te sig svårtillgänglig. Den kan liknas vid ett språk, som kan användas för att i text ge all nödvändig information om organiska molekylers struktur. Ett korrekt konstruerat IUPAC-namn kan således entydigt översättas till motsvarande strukturformel. Alla som studerar organisk kemi, eller som är yrkesverksamma inom detta område, behöver behärska åtminstone grunderna i IUPAC-nomenklaturen. Det är min förhoppning att föreliggande bok skall ge läsaren en tillräcklig introduktion till nomenklaturområdet för att möjliggöra vidare fördjupning i ämnet.

Jag vill tacka alla kollegor och studerande som har framfört konstruktiv kritik vad gäller bokens utformning och innehåll. Ett särskilt tack till farm. kand. Susanne Halvarsson för hjälp med korrekturläsning av bokmanuskriptet.

Uppsala i mars 2020

Författaren

Innehållsförteckning

1 Rationella namn och trivialnamn

1.1 Inledning

Ett välfungerande rationellt namngivningssystem, ett "kemiskt språk", för organiska föreningar är oumbärligt, inte minst därför att det underlättar hanteringen av den enorma mängd information som är samlad i den organisk-kemiska litteraturen. Antalet kända organiska föreningar, makromolekyler undantagna, är i dagsläget (mars 2020) uppskattningsvis c:a tjugo miljoner.

Rationella namn
Systematiska namn

Kemiska namn som är baserade på ämnenas molekylstruktur kallas *rationella* eller *systematiska* namn. Andra slags namn på kemiska föreningar brukar benämnas *trivialnamn* (eng. *common names*). Ett rationellt namn på en substans skall innehålla så mycket information om dennas molekylstruktur att det kan översättas till en korrekt strukturformel för substansen ifråga. Ett i sammanhanget viktigt krav är att namnet skall vara *entydigt*, dvs. en riktig översättning skall ge enbart den åsyftade föreningens strukturformel.

1.2 Historik

Trivialnamn

Under den organiska kemins tidigaste skeden, då kunskapen om molekylers struktur var mycket ofullständig, namngavs organiska föreningar vanligtvis med utgångspunkt från bl.a. ursprung och egenskaper, t.ex. äppelsyra, träsprit, glycerin (smakar sött) och morfin (sömngivande). Dessa fyra namn är exempel på *trivialnamn*, dvs. de innehåller inte någon strukturinformation (jfr ovan). En allmän strävan i modern nomenklatur är att frångå sådana innehållslösa namn, men många är så fast rotade i det kemiska språkbruket att de har jämställts med rationella. Så är fallet vad gäller bl.a. de fyra första medlemmarna av alkanfamiljen: *metan*, *etan*, *propan* och *butan*. I de nomenklaturregler som har stadfästs av The International Union of Pure and Applied Chemistry finns på flera ställen förteckningar över accepterade trivialnamn (t.ex. i fråga om karboxylsyror, aldehyder m.m.).

Genève-reglerna
Liège-reglerna

Under 1800-talets senare del gjorde sig behovet av ett rationellt namngivningssystem tydligt påmint i och med att floran av trivialnamn blev alltmer svåröverskådlig. För att börja bringa ordning inom nomenklaturområdet inbjöd The International Commission for the Reform of Chemical Nomenclature (bildad år 1889) 34 framstående europeiska kemister till ett möte med uppdraget att lägga grunden till ett rationellt organiskt-kemiskt nomenklatursystem. Mötet hölls i Genève år 1892 och resulterade i de s.k. Genève-reglerna, som är föregångare till nu gällande nomenklaturregler. Genève-reglerna reviderades år 1930 av den då nybildade organisationen The International Union of Chemistry. Den reviderade versionen publicerades samma år och är vanligtvis känd under beteckningen Liège-reglerna.

Efter Andra världskriget ombildades The International Union of Chemistry till The International Union of Pure and Applied Chemistry, mer känd under förkortningen IUPAC. Alltsedan år 1949 arbetar IUPAC fortlöpande med nomenklaturfrågor, ett arbete i vilket kemistsamfunden i de olika medlemsländerna deltager, främst som remissorgan. Nu gällande regelsamlingar är daterade 1979 och 1993 och finns tillgängliga i elektroniskt format <www-.acdlabs.com/iupac/nomenclature/>.

IUPAC-nomenklatur tillämpas numera i stort sett genomgående i den kemiska litteraturen. Referattidskrifen Chemical Abstracts (CA) använder dock ett nomenklatursystem som på några punkter avviker från IUPAC:s, detta främst av datatekniska skäl. Att tolka ett CA-namn erbjuder i allmänhet inga särskilda svårigheter.

IUPAC-reglerna finns inte översatta till svenska. Däremot har Svenska Kemistsamfundet, i samarbete med Tekniska Nomenklaturcentralen, utarbetat en kortfattad samling regler för hur IUPAC-nomenklaturen skall kläs i svensk språkdräkt (se kap. 9).

1.3 Olika nomenklatursystem

1.3.1 Substitutiv och radikofunktionell nomenklatur

Rent generellt är ett rationellt kemiskt namn uppbyggt av lokanter, prefix, huvudord och suffix. I t.ex. 3-metyl-1-pentyn-3-ol är siffrorna lokanter, *metyl* prefix, *pent* huvudord, *yn* kolvätesuffix och *ol* funktionssuffix.

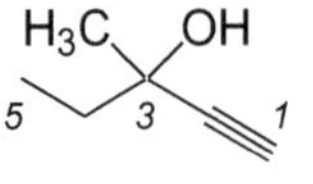

H_3C OH 5 3 1

3-Metyl-1-pentyn-3-ol

Formeln kan också skrivas: $CH_3CH_2-C(OH)(CH_3)-C{\equiv}CH$ (5, 3, 1)

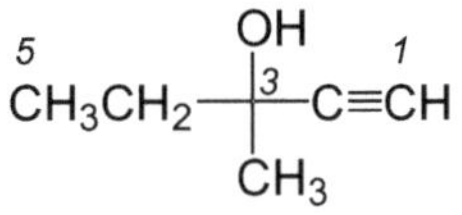

Substitutiv nomenklatur

Huvudfunktion

Det förtjänar att påpekas att IUPAC:s regler ofta tillåter flera olika sätt att namnge en viss förening. Betrakta namnen *etanol* och *etylalkohol*. Det förstnämnda är exempel på *substitutiv* nomenklatur. Så är också fallet vad gäller 3-metyl-1-pentyn-3-ol. Typiskt för det substitutiva systemet är att den funktionella gruppen (med vissa undantag) anges som suffix, i detta fall *ol*. Dock får (och skall) endast en funktion anges som suffix; om det finns flera skall endast den viktigaste, den s.k. *huvudfunktionen*, anges på detta sätt. En ranglista över grupper som kan vara huvudfunktion finns i Table C-II, nätadress: <www.acdlabs.com/iupac/nomenclature/79/r79_897.htm> (se också avsnitten 5.2 och 5.3 samt tabell 3, s. 96). Sålunda anses keton (betecknas med *-on*) viktigare än alkohol, och därför heter t.ex. nedanstående förening 7-hydroxi-2-heptanon. Av det sagda framgår också att alkoholgruppen kan anges både som prefix och som suffix.

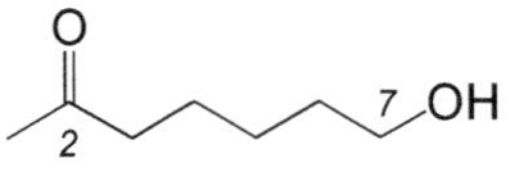

O 2 7 OH

7-Hydroxi-2-heptanon

Formeln kan också skrivas: $CH_3-C(=O)-CH_2CH_2CH_2CH_2CH_2OH$ (2, 7)

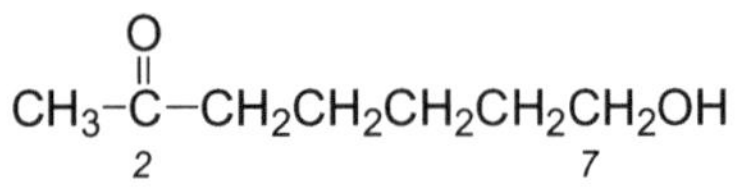

Radikofunktionell nomenklatur

Namnformen *etylalkohol* är exempel på *radikofunktionell* nomenklatur. Utmärkande för detta system är att man inte arbetar med korta suffix, utan i stället använder hela klassnamnet ("alkohol") och anger molekylens kolkedja med ett radikalnamn ("etyl"). Ett annat exempel på denna nomenklatur är *etylmetylketon* (se formel nedan), som enligt det substitutiva systemet skulle heta 2-butanon.

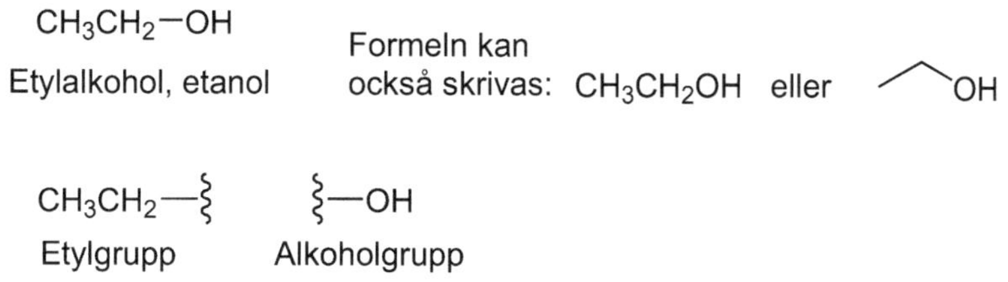

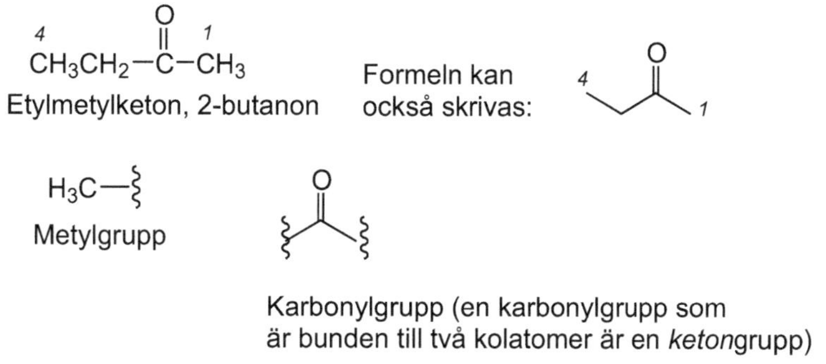

$CH_3CH_2{-}OH$

Etylalkohol, etanol

Formeln kan också skrivas: CH_3CH_2OH eller OH

CH_3CH_2- Etylgrupp

$-OH$ Alkoholgrupp

$CH_3CH_2-C(=O)-CH_3$ (4 ... 1)

Etylmetylketon, 2-butanon

Formeln kan också skrivas:

H_3C- Metylgrupp

Karbonylgrupp (en karbonylgrupp som är bunden till två kolatomer är en *keton*grupp)

En av svårigheterna med organisk-kemisk nomenklatur består just i att en viss kemisk förening nästan alltid kan tilldelas flera olika, fullt entydiga namn. Olikheten mellan synonymnamnen kan ibland vara så stor att man inte utan möda förstår att de avser samma substans. Som exempel kan anföras följande namn på läkemedelssubstansen *glutetimid*: 3-etyl-3-fenyl-2,6-piperidindion och α-etyl-α-fenylglutarimid. Likaså kan läkemedelssubstansen *meprobamat* beskrivas med bl.a. namnen 2-metyl-2-propyl-1,3-propandikarbamat och 2,2-bis(karbamoyloximetyl)pentan. För meprobamat ger Merck Index ytterligare två namn.

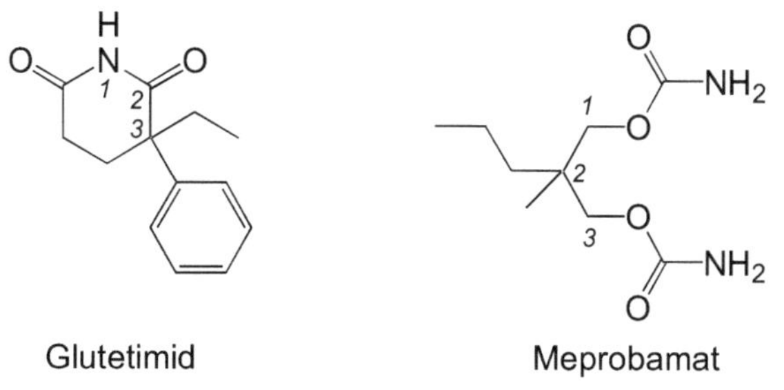

Glutetimid

Meprobamat

IUPAC rekommenderar att substitutiv nomenklatur tillämpas i görligaste mån, och i det följande kommer huvudvikten att läggas vid detta nomenklatursystem. Först skall emellertid i korthet omnämnas några andra nomenklaturprinciper.

1.3.2 Additiv nomenklatur

Additiv nomenklatur kan användas i sådana fall då en förening kan betraktas som ett enkelt additionsderivat av en modersubstans. De flesta exemplen på additiva namn finner vi bland partiellt eller helt hydrogenerade aromater. Vi skall belysa med ett par sådana exempel.

Kolvätet *tetralin* (trivialnamn) benämns rationellt 1,2,3,4-tetrahydronaftalen. Naftalen är modersubstans, prefixet *tetrahydro* säger att fyra väteatomer har tillkommit. Lokanterna anger var dessa väteatomer är bundna.

1,2,3,4-Tetrahydronaftalen   Naftalen

Perhydro

Fullständigt hydrogenerade ringar eller ringsystem anges med hjälp av prefixet *perhydro*. Inga specificerande lokanter behövs i detta fall. Kolvätet *perhydroantracen* får tjäna som exempel.

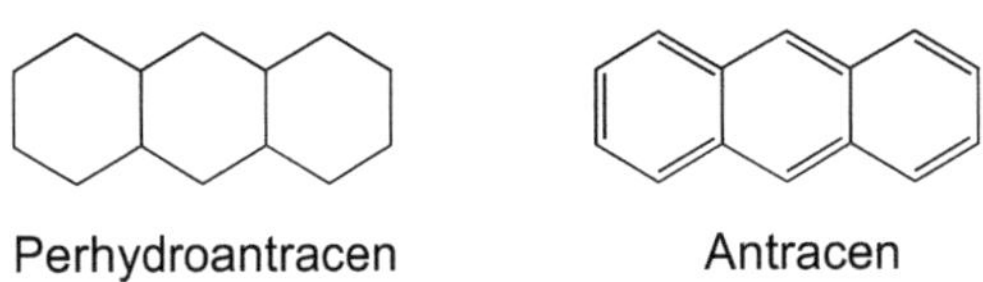
Perhydroantracen   Antracen

1.3.3 Subtraktiv nomenklatur

de-, nor-

Subtraktiva prefix, såsom *de-* (ej gärna des-) och *nor-* används för att uttrycka att atomer eller grupper saknas i en förening med trivialnamn eller rationellt namn. Med *demetylmorfin* menas att CH_3 vid morfins kväveatom har ersatts med H. När det gäller avsaknad av just en metylgrupp använder man, särskilt i äldre litteratur, prefixet *nor*. *Normorfin* är därför en synonym till demetylmorfin. Ytterligare ett exempel på subtraktiv nomenklatur är namnet *noradrenalin*. *Nor* kommer ursprungligen av ty. N ohne Radikal, men nyttjas också då den saknade metylgruppen inte är bunden till kväve.

Normorfin   Morfin

Noradrenalin   Adrenalin

I sockerarten *2-deoxiribos*, som ingår i bl.a. DNA, är hydroxylgruppen i ribosmolekylens 2-ställning utbytt mot väte.

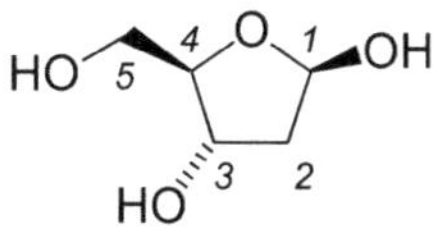

2-Deoxiribos

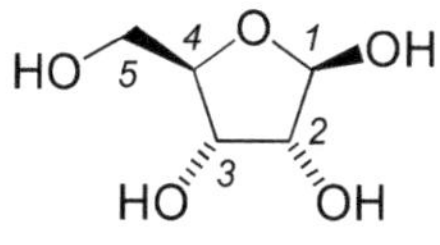

Ribos

1.3.4 Konjunktiv nomenklatur

Konjunktiv nomenklatur är besläktad med additiv nomenklatur (avsnitt 1.3.2) och kan exemplifieras med namn som *cyklohexanmetanol* och *2-naftalenpropansyra* (se formler nedan). Konjunktiv nomenklatur används när en funktionell grupp är bunden vid en icke-cyklisk komponent, som i sin tur är direkt fäst vid en ring. Som framgår av det senaste exemplet förutsätts ringen sitta längst bort från den funktionella gruppen. Lokanten 2 avser här position 2 i naftalenringen.

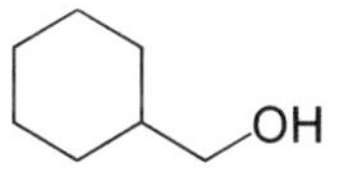

Cyklohexanmetanol

Substitutivt namn:
cyklohexylmetanol

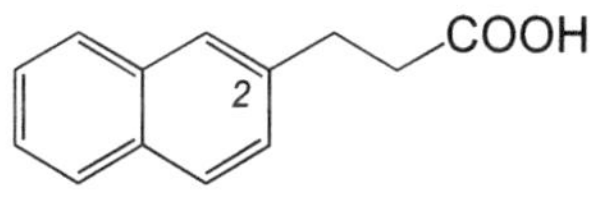

2-Naftalenpropansyra

Substitutivt namn:
3-(2-naftyl)propansyra

Ytterligare ett par exempel på konjunktiv nomenklatur lämnas nedan.

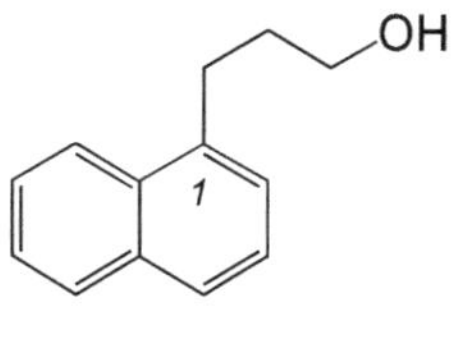

1-Naftalenpropanol

Substitutivt namn:
3-(1-naftyl)propan-1-ol

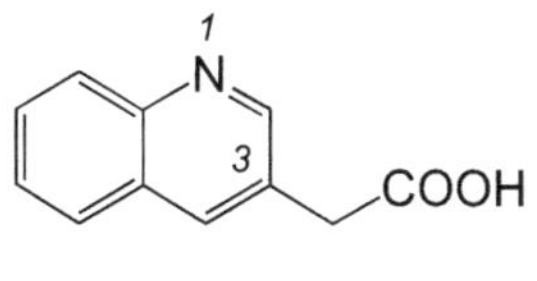

3-Kinolinättiksyra

Substitutivt namn:
2-(3-kinolinyl)etansyra

1.3.5 Utbytesnomenklatur

Utbytesnomenklatur används mycket restriktivt, men kan ibland vara praktisk när annan nomenklatur leder till alltför komplicerade namn. Ganska många tillämpningar förekommer i heterocykelnamn, särskilt då ovanliga ringsystem skall benämnas. I t.ex. cyklofosfamid (ett cytostatikum) ingår ringelementet 1-oxa-3-aza-2-fosfacyklohexan, även kallat 1,3,2-oxazafosforin (se formel nedan).

1-Oxa-3-aza-2-fosfacyklohexan Cyklohexan

Utgångspunkt för namnet är kolvätet cyklohexan. De olika heteroatomer som har ersatt CH_2 anges med utbytesprefix. Karakteristiskt för dessa prefix är att de ändas på -a. Vid val av utgångspunkt för numreringen gäller följande rangordning för de vanligaste elementen: *oxa*, *tia*, *aza*, *fosfa*, *sila* (O, S, N, P, Si - jfr placeringen i periodiska systemet).

Observera! Förväxla inte prefixen oxa, tia och aza med oxo, tio och azo, som har en helt annan innebörd (se prefixtabellen, s. 87-91).

Ytterligare ett par exempel på utbytesnomenklatur (utgångspunkt fentiazin respektive oktansyra):

1-Azafentiazin

Fentiazin

3,7-Dioxaoktansyra

Oktansyra

1.4 IUPAC:s nomenklaturhandböcker

Rationella namn på läkemedelssubstanser, bl.a. i den europeiska farmakopén, utformas numera i huvudsak enligt de av IUPAC angivna reglerna. Dessa återfinnes i bl.a. följande publikationer:

1. *Nomenclature of Organic Chemistry*. Reglerna, som fortsättningsvis kommer att betecknas IUPAC-reglerna, finns sammanställda i en bok utgiven av Pergamon Press år 1979. Boken omfattar följande sektioner:

A) Kolväten.
B) Fundamentala heterocykliska system.
C) Karakteristiska grupper innehållande C, H, O, N, halogen, S, Se och/eller Te.
D) Organiska föreningar innehållande andra element än de i sektion C nämnda.
E) Stereokemi.
F) Allmänna principer för benämning av naturprodukter och besläktade föreningar.
H) Isotopiskt modifierade föreningar.

2. *Definitive Rules for the Nomenclature of Steroids* (IUPAC 1972).

3. För kolhydrater har ett regelförslag publicerats i bl.a. *Biochem. J. 125*, 673 (1971). De senast publicerade reglerna härrör från år 1996.

En fullständig förteckning över aktuella handböcker och annat av IUPAC publicerat material som behandlar nomenklatur återfinnes i första häftet av *J. Chem. Soc., Perkin Trans. 1* varje år.

Vid benämning och numrering av cykliska föreningar används i praktiskt arbete ofta Ring Index, 2:a upplagan (1960), med supplement. Ring Index utges av American Chemical Society. En modernare översikt är Ring Systems Handbook, som publiceras vart femte år av Chemical Abstracts Service.

1.5 Strukturformler

Sedan mycket lång tid tillbaka använder man polygoner som ringsymboler i strukturformler, och endast undantagsvis sätter man ut kemiska tecknen för kol och väte i ringhörnen; de är underförstådda. Heteroatomer med tillhörande väteatomer skrivs däremot alltid ut. Under de senaste decennierna har liknande principer för formelritning vunnit alltmer terräng också vad gäller icke-cykliska strukturer: kolkedjor representeras t.ex. som sicksacklinjer (kolskelettformler, eng. *bond-line formulas*).

Som läsaren säkert redan har observerat, nyttjas i föreliggande bok båda slagen av strukturformler. Nedan lämnas för jämförelse några exempel där kolskelettformler och traditionella formler är ordnade parvis.

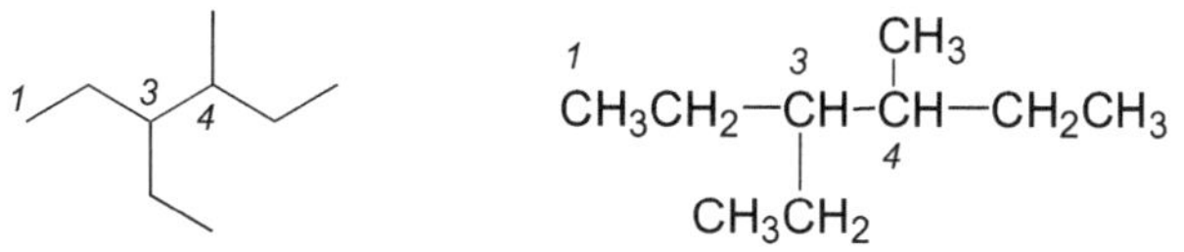

$CH_3CH_2-CH(CH_2CH_3)-CH(CH_3)-CH_2CH_3$

3-Etyl-4-metylhexan

$Br-CH_2CH_2-C(CH_3)(Br)-C\equiv CH$

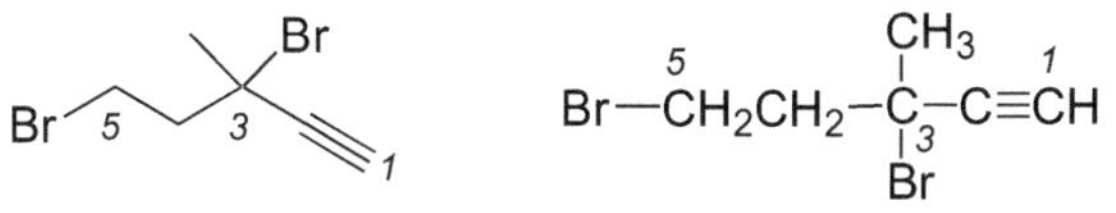

3,5-Dibromo-3-metyl-1-pentyn

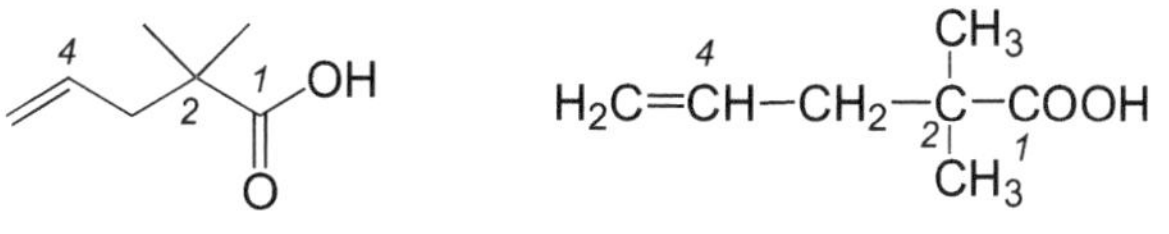

$H_2C=CH-CH_2-C(CH_3)_2-COOH$

2,2-Dimetyl-4-pentensyra

För att illustrera stereostrukturer används kilformade och/eller feta linjer för bindningar som är riktade utåt i förhållande till papperets plan. Inåtriktade bindningar symboliseras med streckade linjer. Beteckningarna *R* och *S* i namnen nedan åsyftar absolutkonfigurationen vid de asymmetriska kolatomerna (se vidare kapitel 8: Stereokemisk nomenklatur).

(3*R*,4*S*)-3,4-Dimetylhexan (*R*)-3-Metyl-1-pentyn-3-ol

2 Substitutiva kolvätenamn

2.1 Allmänt om substitutiv nomenklatur

Stamstruktur
Substituenter
Lokanter
Prefix
Huvudord
Kolvätesuffix
Funktionssuffix
Huvudfunktion

Enligt den substitutiva nomenklaturen betraktas en organisk molekyl som uppbyggd av en *stamstruktur*, vilken eventuellt binder en eller flera *substituenter*. Stamstrukturen kan vara ett icke-cykliskt kolväte eller en ringstruktur. I ett substitutivt IUPAC-namn ingår vanligtvis följande namnelement: *lokanter*, *prefix*, *huvudord* och *suffix*. Lokanter är siffror som anger var på stamstrukturen de olika substituenterna är bundna. *Prefix* är substituentbeteckningar, som står före *huvudordet*. Detta består vanligtvis av ordstammar som *et*, *prop*, *but*, *pent*, *hex* eller t.ex. ett heterocykelnamn. Huvudordet syftar på stamstrukturen. Om denna är ett kolväte fogas något av *kolvätesuffixen -an*, *-en* eller *-yn* till huvudordet. Förutom kolvätesuffix får det förekomma endast ytterligare ett suffix i ett IUPAC-namn. Detta suffix, ett *funktionssuffix*, skall ställas efter eventuella kolvätesuffix och åsyftar *huvudfunktionen* (jfr stycket 1.3.1).

I det följande behandlas kolvätenas nomenklatur relativt utförligt beroende på deras centrala ställning ur nomenklatursynpunkt.

2.2 Ogrenade alkaner

Alkaner
Alifatisk

De fyra första mättade, ogrenade kolvätena benämns med trivialnamnen *metan*, *etan*, *propan* och *butan*. Namnen på högre medlemmar i denna serie består av ett numeriskt prefix och suffixet -an. Det generella namnet på denna serie är *alkaner*. Alkanerna tillhör serien *alifatiska*, dvs. icke-aromatiska, kolväten. Beteckningen alifatisk används numera inte så ofta som förr.

De enskilda alkanernas namn blir alltså fortsättningsvis (n = antalet kolatomer):

n		n		n	
5	Pentan	11	Undekan	21	Heneikosan
6	Hexan	12	Dodekan	22	Dokosan
7	Heptan	13	Tridekan	23	Trikosan
8	Oktan	:		:	
9	Nonan	19	Nonadekan	29	Nonakosan
10	Dekan	20	Eikosan	30	Triakontan

2.2.1 Ogrenade alkylgrupper och besläktade strukturelement

Alkyler

Envärda radikaler härledda från alkaner kallas med ett gemensamt namn *alkyler*. Ur detta klassnamn kan de enskilda alkylernas namn härledas: samma stam som i moderkolvätet ("alk") med ändelsen *-yl* tillfogad. Namnen blir

Amyl *Decyl, undecyl*

alltså *metyl*, *etyl* osv. Det heter också *pentyl*, men trivialnamnet *amyl* för samma radikal, C_5H_{11}–, har fortfarande användning. Radikalerna av dekan t.o.m. nonadekan kallas ofta *decyl*, *undecyl* osv. Se vidare tabellen över prefix s. 87-91 samt kap. 9.

Alkyliden

Tvåvärda radikaler av mättade kolväten bildade genom att två väteatomer vid *samma* kol har avlägsnats kallas *alkyliden*grupper och benämns på så sätt att *-an* i kolvätets namn utbyts mot *-yliden*. Som exempel kan här nämnas *propyliden*, som har strukturen $CH_3CH_2CH=$.

Metylen

Den enklaste gruppen av detta slag, $CH_2=$ (som enligt regeln borde heta metyliden), heter dock *metylen*.

1 4 8

4-Etyliden-1,5-oktadien   Metylencyklohexan   Propylidencyklohexan

Tvåvärda radikaler som innehåller två eller fler kolatomer, t.ex. $–CH_2CH_2–$, $–CH_2CH_2CH_2–$ och $–CH_2CH_2CH_2CH_2–$, där alltså ett väte har borttagits från vardera av de ändställda metylgrupperna i en ogrenad kolkedja benämnes respektive *etylen*, *trimetylen*, *tetrametylen* osv. Med etylenbromid menar man sålunda $Br\text{-}CH_2CH_2\text{-}Br$ och med pentametylenbromid $Br\text{-}(CH_2)_5\text{-}Br$. I den organisk-kemiska litteraturen, särskilt den engelskspråkiga, används benämningen etylen (eng. *ethylene*) även för kolvätet *eten*.

2.3 Grenade alkaner

Grenade alkaner benämns genom angivande av sidokedjorna som prefix till namnet på den längsta sammanhängande kolkedja som förekommer i formeln. I 3-metylpentan tillhör alla kolatomerna, förutom en, stammen.

Om valet står mellan flera möjliga huvudkedjor skall man välja den som har flest förgreningar. Kolvätet 3-metyl-4-propylheptan får tjäna som exempel: längsta möjliga sammanhängande kolkedja innehåller sju kolatomer, och det maximala antalet förgreningar är två stycken.

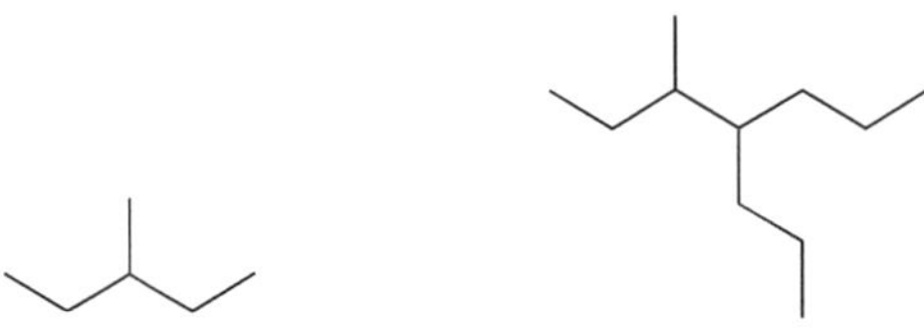

3-Metylpentan   3-Metyl-4-propylheptan

I exemplet 3-metylpentan ovan är det likgiltigt från vilket håll man numrerar huvudkedjans kolatomer, men enligt huvudregeln skall kedjan numreras så att de sidogrupper som anges som prefix i namnet får lägsta möjliga lokanter. Det finns noggranna regler för hur numreringen skall göras då det förekommer flera olika sidokedjor och grupper. Dessa regler förbigås här praktiskt taget helt, eftersom denna handledning främst är avsedd att vara till hjälp när man skall översätta ett kemiskt namn till en strukturformel.

Om två eller flera sidokedjor förekommer, skall de enligt IUPAC-reglerna räknas upp i alfabetisk ordning. Man rättar sig härvid endast efter respektive substituentnamns begynnelsebokstav, och s.k. *multiplikationsprefix* som *di*-, *tri*- etc. lämnas utan avseende. Subtraktiva prefix (t.ex. *de*metyl, *an*hydro) skall däremot beaktas. Detsamma gäller också multiplikationsprefix då de ingår i namn på sammansatta radikaler (t.ex. *di*metylamino och *tri*fluorometyl). Även radikalnamn som *isopropyl*, *cyklohexyl* m.fl. placeras efter första bokstaven, se nedanstående strukturexempel.

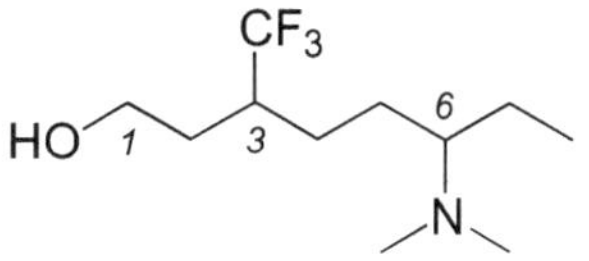

6-(Dimetylamino)-3-(trifluorometyl)-1-oktanol

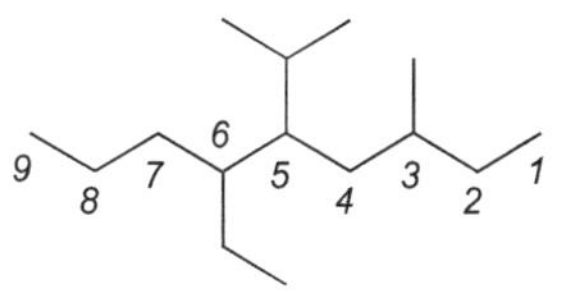

6-Etyl-5-isopropyl-3-metylnonan

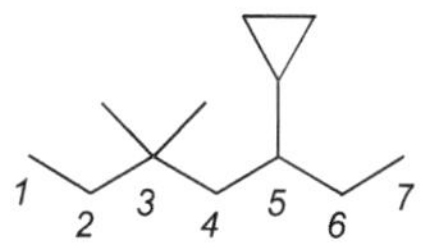

5-Cyklopropyl-3,3-dimetylheptan

I 4-etyl-3,3-dimetylheptan får etylgruppen lokanten 4 oavsett från vilken ände av huvudkedjan numreringen utgår. Metylgruppernas lokanter är däremot beroende av hur numreringen görs. Man skall därför tillse att dessa lokanter blir så låga som möjligt (4,3,3 är lägre än 4,5,5). Lägg märke till att lokanten 3 måste anges två gånger – en siffra för varje substituent, även om såväl substituenter som siffror är lika.

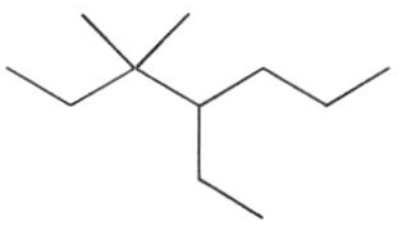

4-Etyl-3,3-dimetylheptan

Tänk på att prefixens ordningsföljd kan förändras vid översättning av ett rationellt namn från engelska till svenska. Principen att placera prefixen i bokstavs-ordning medför t.ex. att namnet 1-chloro-3-ethyl-2-propylbenzene översatt till svenska lyder 1-etyl-3-kloro-2-propylbensen.

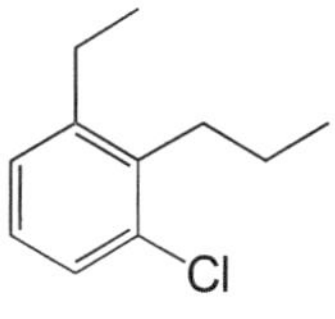

1-Etyl-3-kloro-2-propylbensen

Enligt tidigare nomenklaturregler var det tillåtet att ordna substituenterna efter stigande komplexitet. Namn enligt denna princip förekommer företrädesvis i litet äldre nomenklatur. Några särskilda problem att översätta dylika namn till strukturformler föreligger dock inte.

Multiplikationsprefix. Användningen av multiplikationsprefix har antytts i föregående exempel. Man använder *di-*, *tri-*, *tetra-* osv. för att ange förekomsten av flera enkla grupper av samma slag i en formel. Om den upprepade gruppen är sammansatt skall man däremot använda prefixen *bis-* och *tris-* för två respektive tre grupper. Fyra eller ännu fler lika sammansatta grupper anges enligt mönstret *tetrakis-*, *pentakis-* osv.

Jämför dietyleter och ett av dess diklorderivat, bis(2-kloroetyl)eter. Observera också att numreringen i sidokedjor i normalfallet utgår från den kolatom som är bunden till huvudkedjan eller huvudfunktionen.

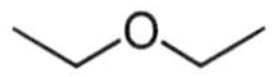

Dietyleter

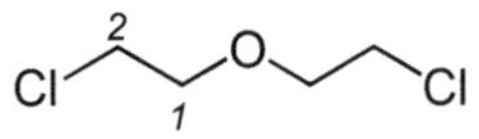

Bis(2-kloroetyl)eter

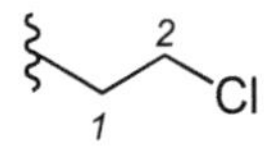

2-Kloroetyl-grupp

2.3.1 Grenade alkylgrupper

Namnet på en grenad radikal bygger på radikalens längsta sammanhängande kolkedja. Lägg märke till att man också här måste börja räkna från den atom som är bunden till stammen. Vi exemplifierar med två olika grenade alkaner: 5-(1,1-dimetylpropyl)nonan och 6,6-bis(2,3-dimetylbutyl)dodekan.

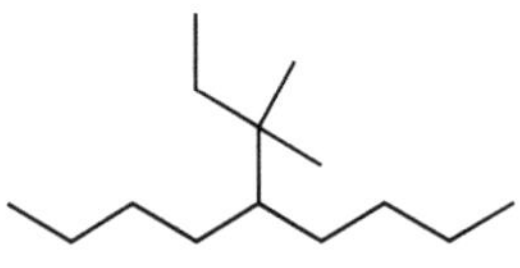

5-(1,1-Dimetylpropyl)nonan

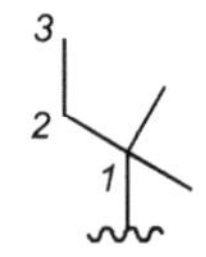

1,1-Dimetylpropyl-grupp

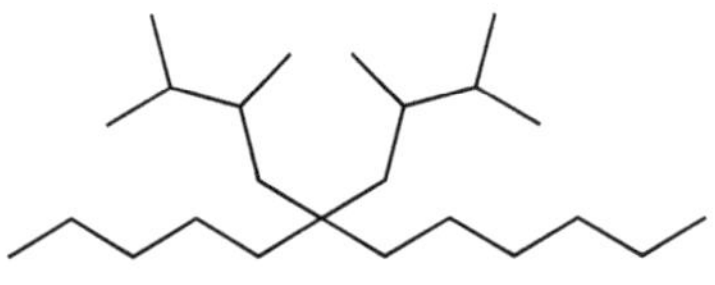

6,6-Bis(2,3-dimetylbutyl)dodekan

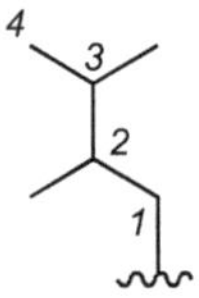

2,3-Dimetylbutyl-grupp

Isoalkyl

För grupper med strukturen $(CH_3)_2CH\text{-}(CH_2)_n–$ används, om n = 0–3, namn av typen *isoalkyl.* Med isopropyl menas alltså $(CH_3)_2CH–$ och med isohexyl $(CH_3)_2CH–(CH_2)_3–$.

För gruppen $CH_3CH_2CH(CH_3)–$ används ofta beteckningen *sek. butyl* i stället för 1-metylpropyl och på motsvarande sätt kallas $(CH_3)_3CH–$ för *tert. butyl* (mindre vanligt: 1,1-dimetyletyl). Vidare har gruppen $(CH_3)_3C–CH_2–$ ett specialnamn: *neopentyl.* Fyra bensenderivat får tjäna som exempel:

Neopentyl

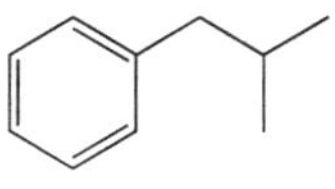

Isobutylbensen 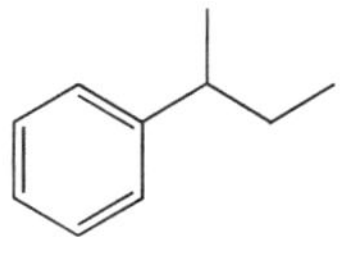 *Sek.* butylbensen 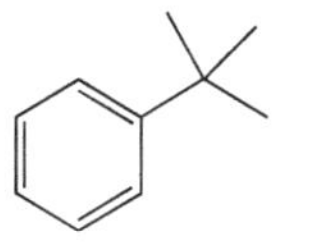 *Tert.* butylbensen 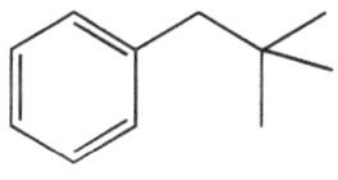 Neopentylbensen

Antag att det tidigare nämnda grenade kolvätet 4-etyl-3,3-dimetylheptan ingår som sidokedja i en större molekyl och därför skall anges som prefix i namnet. Numreringen av sidokedjan skall börja vid den kolatom som är bunden till stammen. Kedjan kan vara bunden till stammen på många olika sätt, men endast följande två fall illustreras:

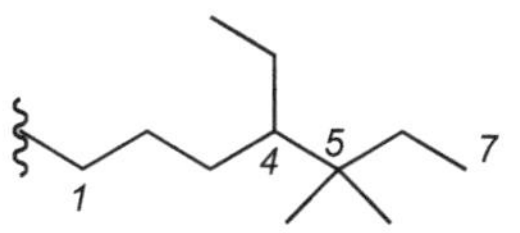

4-Etyl-5,5-dimetylheptyl-grupp

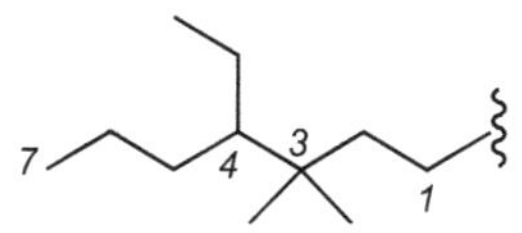

4-Etyl-3,3-dimetylheptyl-grupp

2.4 Ogrenade alkener

Klassnamnet för kolväten som innehåller en enda dubbelbindning är *alken.* Om ett kolväte innehåller flera dubbelbindningar anges detta med hjälp av ett multiplikationsprefix (di-, tri, tetra- osv.), som sätts omedelbart framför suffixet *-en*. Namnen på de enskilda kolvätena konstrueras på följande sätt: man utgår från stammen i alkanen med samma antal kol och lägger till ändelsen *-en*, *-adien*, *-atrien* etc. I alkener med fler än tre kolatomer måste dubbelbindningens läge preciseras med hjälp av en lokant. Lokanten syftar på den i nummerordning lägsta av de båda kol som berörs av ifrågavarande dubbelbindning (se även estratrien, s. 40). Motsvarande regel gäller för fleromättade kolväten, t.ex. alkatriener.

Geometrisk isomeri

Eftersom en kol-koldubbelbindning utgör ett stelt strukturelement kan den i vissa fall ge upphov till en form av stereoisomeri, som förr sammanfattningsvis brukade kallas *geometrisk isomeri.* Numera använder man hellre termerna *cis-trans*-isomeri eller *E,Z*-isomeri (efter ty. *entgegen* respektive *zusammen*).

E,Z-nomenklatur är mer generellt användbar än *cis-trans-* (se vidare avsnitt 8.3, Geometrisk isomeri).

$H_2C{=}CH_2$

Eten Propen 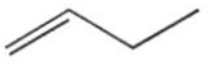 1-Buten 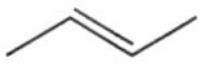 (*E*)-2-Buten 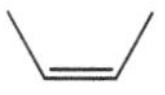 (*Z*)-2-Buten

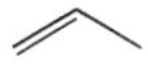

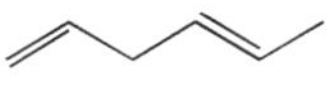

(4*E*)-1,4-Hexadien 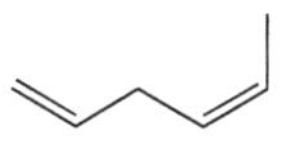 (4*Z*)-1,4-Hexadien

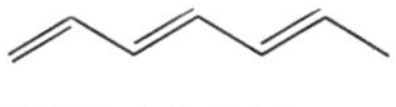

(3*E*,5*E*)-1,3,5-Heptatrien 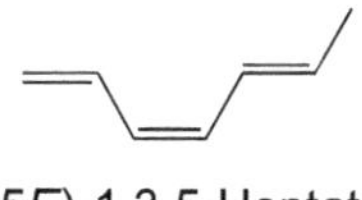 (3*Z*,5*E*)-1,3,5-Heptatrien

Etylen

Allen

Något äldre namnformer, t.ex. etylen, propylen etc. är fortfarande i bruk, men av dessa är endast namnet *etylen* (= eten) sanktionerat av IUPAC. Observera att etylen också kan avse den tvåvärda radikalen $-CH_2-CH_2-$ (se s. 10). Trivialnamnet *allen* för propadien, $H_2C{=}C{=}CH_2$, har också accepterats av IUPAC.

2.5 Ogrenade alkyner

Acetylen

Klassnamnet för kolväten med en enda trippelbindning är *alkyn* (namnformen *alkin* förekommer också). Svenska kemistsamfundet rekommenderar formen alkyn, som anknyter till anglosaxiskt språkbruk. I övrigt bildas namnen enligt samma mönster som ovan har angivits för alkener. IUPAC har bibehållit namnet *acetylen* för den enklaste alkynen.

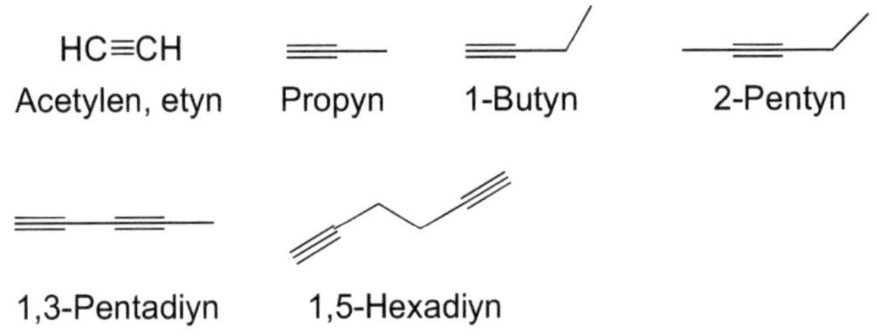

Acetylen, etyn   Propyn   1-Butyn   2-Pentyn

1,3-Pentadiyn   1,5-Hexadiyn

2.5.1 Kolväten med både dubbel- och trippelbindning

Alkenyn

Ett kolväte som innehåller både en dubbel- och en trippelbindning kallas ofta en *alkenyn*. Som framgår av nedanstående exempel, får såväl dubbel- som trippelbindning mellan kolatomer anges med suffix (*-en* resp. *-yn*) i ett och samma namn.

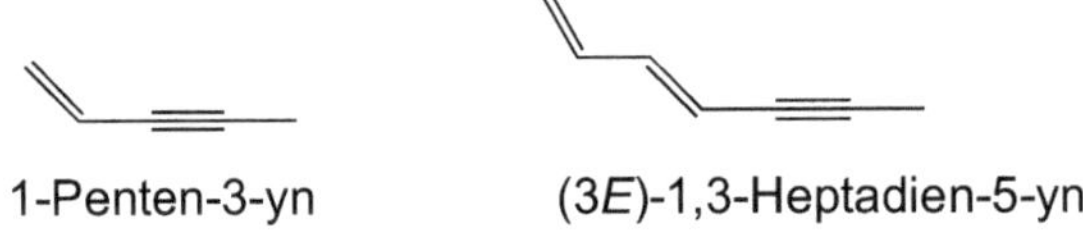

1-Penten-3-yn   (3*E*)-1,3-Heptadien-5-yn

Omättnader

Innebörden av det som sägs i IUPAC-reglerna, stycket A-3.3, om rangordningen mellan dubbel- och trippelbindningar är att *omättnader* skall tilldelas så låga lokantsiffror som möjligt. Med omättnader förstås här dubbel- och trippelbindningar mellan kolatomer. Om valmöjlighet finns skall dubbelbindning ges lägre lokantsiffra än trippelbindning. Vi ger ett par exempel för att belysa detta:

3-penten-1-yn – valmöjlighet saknas, trippelbindningen är kolkedjans första omättnad.

2 3 5

1

(3*E*)-3-Penten-1-yn

I fallet 1-penten-4-yn finns valmöjlighet i och med att omättnaderna intar likvärdiga positioner i kolkedjan, i detta fall genom att de båda sitter terminalt.

1-Penten-4-yn

2.6 Grenade alkener och alkyner

Vid benämning av omättade, grenade alkener och alkyner går man tillväga på samma sätt som vid grenade alkaner. Huvudkedjan skall dock väljas så att den innehåller så många omättnader som möjligt. Maximalt antal omättnader har alltså företräde framför längsta möjliga kolkedja. Namnen kan vara svåra att konstruera, men att tolka dem brukar inte innebära några större problem.

Stammen numreras så att dubbel- och trippelbindningar får lägsta möjliga lokanter. Enligt IUPAC:s regler har omättnader också högre rang än kolväteradikaler. Se nedanstående exempel och avsnitt 5.3. För 2-metyl-1,3-butadien har IUPAC sanktionerat trivialnamnet *isopren*.

2-Metyl-1,3-butadien (isopren)

(3*E*)-3,4-Dipropyl-1,3-hexadien-5-yn

(3*Z*)-3,4-Dipropyl-1,3-hexadien-5-yn

2.6.1 Omättade radikaler

Namn på radikaler av omättade kolväten bildas genom att ändelsen -yl (envärda radikaler) eller -yliden (tvåvärda radikaler) fogas till kolvätets hela namn. Av IUPAC accepterade trivialnamn står nämnda inom parentes efter det rationella namnet på respektive radikal.

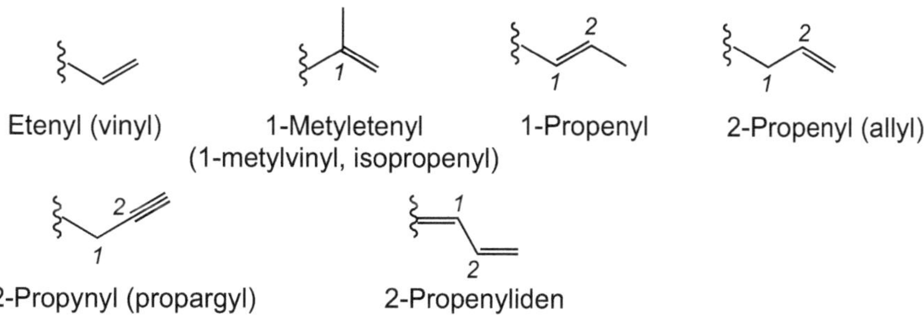

Etenyl (vinyl) 1-Metyletenyl (1-metylvinyl, isopropenyl) 1-Propenyl 2-Propenyl (allyl)

2-Propynyl (propargyl) 2-Propenyliden

Följande formel får illustrera en alkyl- och en alkenylgrupp bundna till en alkadienstam:

2-Metyl-3-etenyl-1,6-heptadien

2.7 Monocykliska alkaner och alkener

Cykloalkaner

Det rationella klassnamnet för monocykliska mättade kolväten är *cykloalkaner*. Namn på medlemmar av denna ämnesklass bildas genom att prefixet *cyklo-* fogas till namnet på den alkan som har samma antal kol. De två enklaste cykloalkanerna är *cyklopropan* (tre kol) och *cyklobutan* (fyra kol).

Cyklopropan Cyklobutan Cyklopentan Cyklohexan

Cykloalkyl

Envärda radikaler härledda från dessa kolväten kan sammanfattande benämnas *cykloalkyl*grupper. Exempel på sådana är *cyklopropyl*, *cyklobutyl* etc.

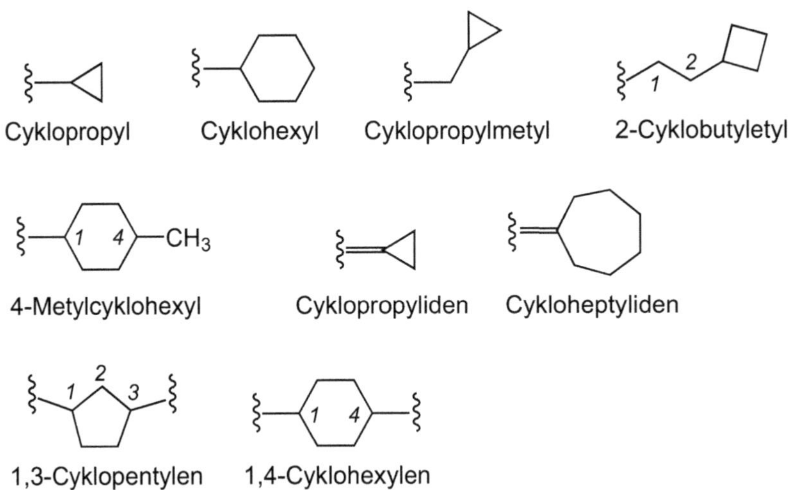

Cyklopropyl Cyklohexyl Cyklopropylmetyl 2-Cyklobutyletyl

4-Metylcyklohexyl Cyklopropyliden Cykloheptyliden

1,3-Cyklopentylen 1,4-Cyklohexylen

Namn på cykliska alkener bildas på analogt sätt. Vid numrering tillser man att en dubbelbindning utgår från kolatom 1. Vid besiffring av radikaler får dock som förut den till stammen bundna kolatomen siffran 1.

Radikalnamn av typen cykloalkyl kan användas som prefix i olika sammanhang, t.ex. före en lång, sammansatt kolvätekedja. Om ringstrukturen innehåller fler kol än den öppna kedjan bör i stället kedjan anges som prefix, t.ex. propylcyklohexan (i stället för 1-cyklohexylpropan).

Några exempel på cykloalkener och cykloalkenyler:

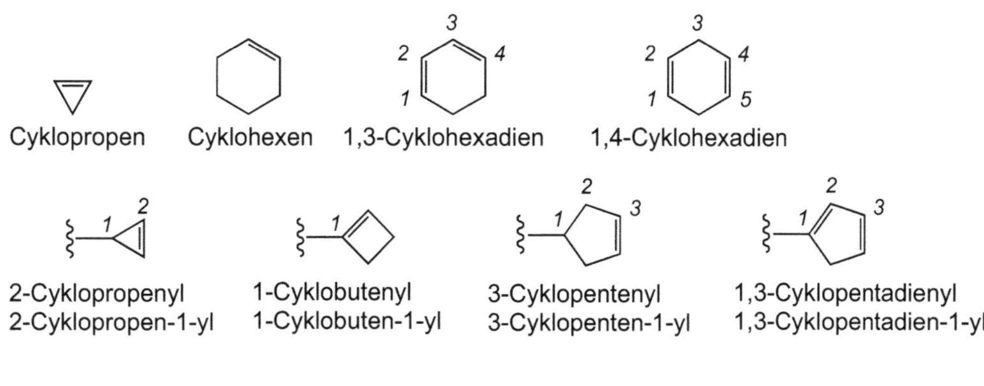

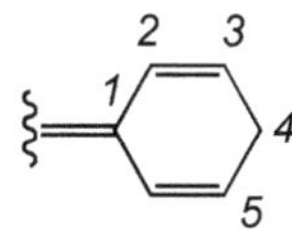

2,5-Cyklohexadien-1-yliden

Substituerade cykloalkaner och cykloalkener:

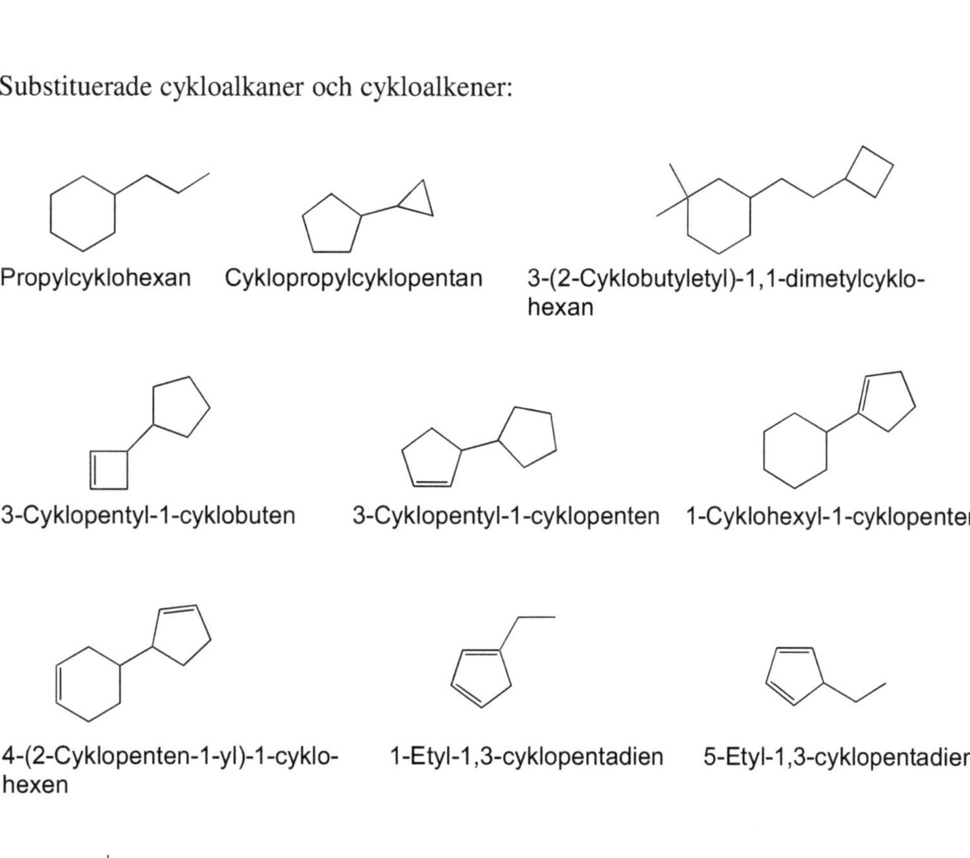

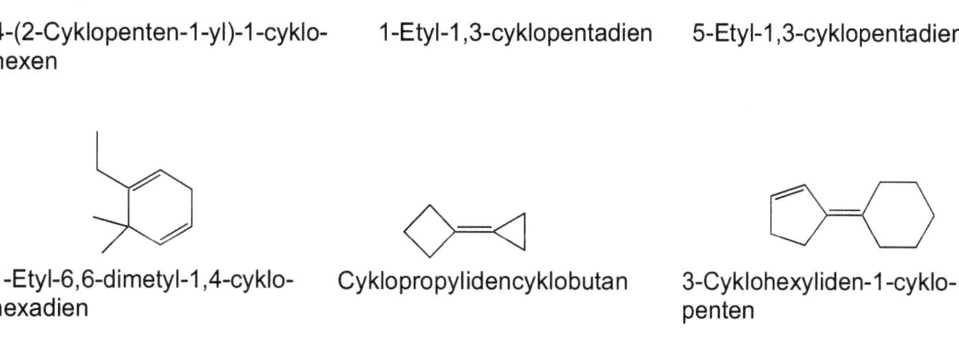

2.8 Bryggkolväten

2.8.1 Bicykliska system

Cykliska alkaner och alkener innehållande endast två ringar som har två eller flera gemensamma kolatomer namnges på följande sätt: efter prefixet *bicyklo* ställer man namnet på det acykliska kolväte som har samma totalantal kol. Mellan "bicyklo" och kolvätenamnet sätter man – inom klammer och i fallande ordning – siffror som anger antalet kolatomer i de tre bryggor som förbinder de båda tertiära kolatomerna. Dessa kolatomer kallas också *brohuvuden*.

Brohuvuden

Bicyklo[3.2.0]heptan (summaformel C_7H_{12}):

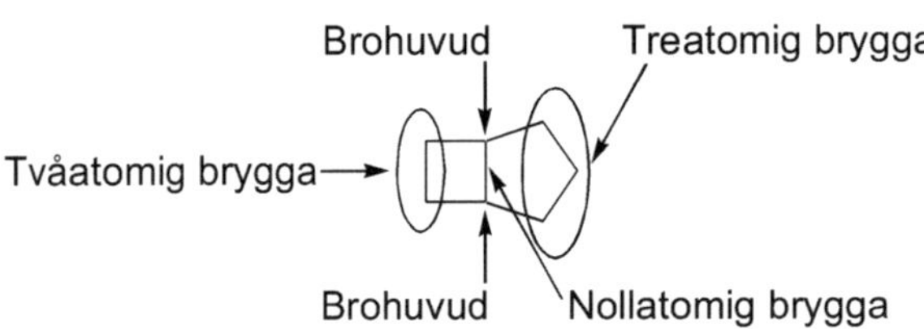

Bicyklo[1.1.0]butan Bicyklo[3.2.1]oktan Bicyklo[3.3.0]oktan Bicyklo[4.2.0]oktan

Vid numrering av dessa ringsystem börjar man vid ett av brohuvudena och fortsätter utefter den längsta bryggan till nästa brohuvud, fortsätter därifrån till utgångspunkten via den näst längsta vägen osv. Substituenter skall som vanligt tilldelas lägsta möjliga lokanter. Några exempel får belysa detta:

Bicyklo[3.2.0]heptan 3,3-Dimetylbicyklo[3.2.0]heptan 6-Cyklohexylbicyklo[3.2.1]oktan

2,3-Dimetylbicyklo[3.3.0]oktan 2,7-Dimetylbicyklo[3.3.0]oktan 2-Etylbicyklo[2.2.2]oktan

Om valmöjlighet finns (minst två lika långa bryggor), skall dock lägre nummer ges åt dubbelbindning.

Bicyklo[2.2.1]hept-2-en Bicyklo[3.2.1]okt-6-en

Vid benämning av radikaler görs numreringen principiellt enligt ovan, men den till stammen bundna kolatomen skall ges så lågt nummer som möjligt, om man kan välja. Denna kolatom har också prioritet före dubbelbindning. Substituenten bicyklo[2.2.1]hept-5-en-2-yl ingår i läkemedelssubstansen *biperiden* (se formel nedan).

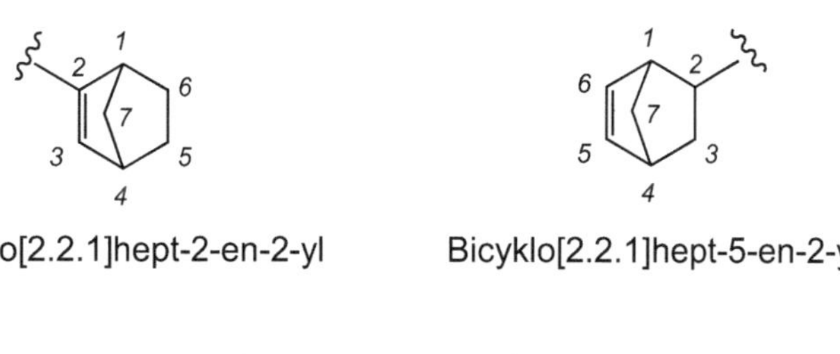

Bicyklo[2.2.1]hept-2-en-2-yl Bicyklo[2.2.1]hept-5-en-2-yl

1-(Bicyklo[2.2.1]hept-5-en-2-yl)-1-fenyl-3-piperidino-1-propanol (biperiden)

2.8.1 Polycykliska system

För vissa polycykliska system är en annan metod ofta praktisk. Dess princip är att man anger bryggans karaktär och läget för dess fästpunkter. Vi exemplifierar med kolvätet perhydro-1,4-etanoantracen (numrering: jfr antracen s. 21):

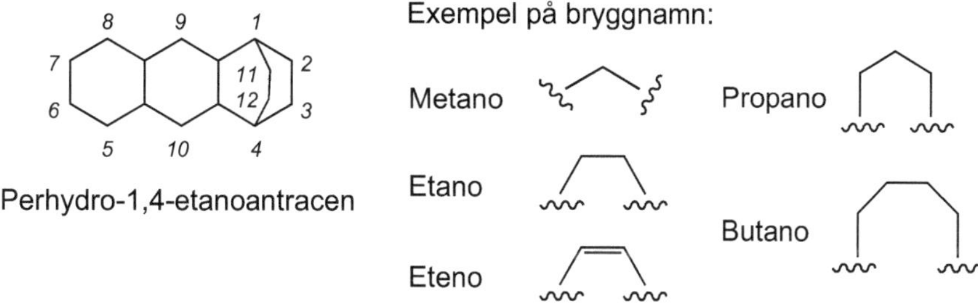

Perhydro-1,4-etanoantracen

Denna nomenklatur har bl.a. tillämpats i det kemiska namnet på *pentazocin*. Observera beträffande totalnumreringen att bryggans kolatomer tilldelas så höga nummer som möjligt.

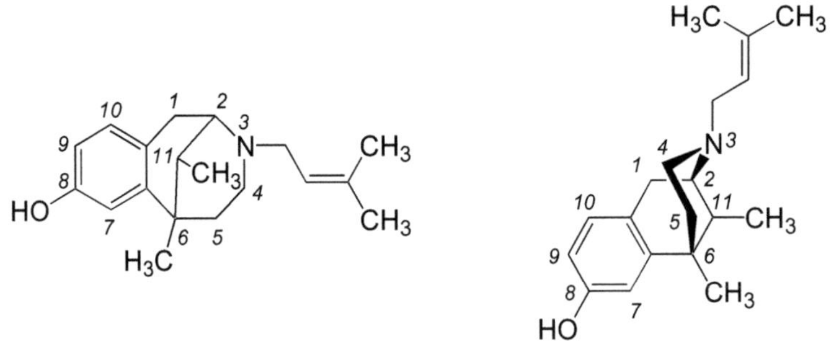

6,11-Dimetyl-3-(3-metyl-2-buten-1-yl)-1,2,3,4,5,6-hexahydro-2,6-metano-3-bensazocin-8-ol

2.9 Spirokolväten

Om två ringar har en enda gemensam kolatom talar man om en *spiroförening*. Spiroföreningarna benämns analogt med bryggkolvätena. Numreringen är dock som synes avvikande från bryggkolvätenas. Den börjar vid en ringatom närmast det gemensamma kolet (spiroatomen) och går först genom den mindre ringen, genom spiroatomen och runt i den större ringen på så sätt att dubbelbindningar etc. får så lågt nummer som möjligt.

Ringarna är vinkelrätt anslutna till varandra, se nedanstående stereoformel för spiro[3.4]oktan.

Spiro[3.4]oktan

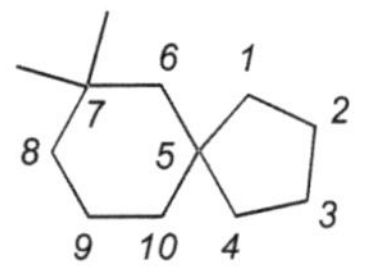

7,7-Dimetylspiro[4.5]dekan

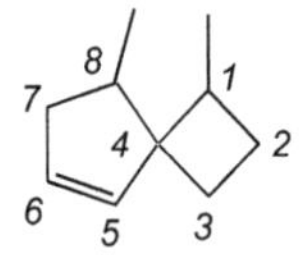

1,8-Dimetylspiro[3.4]okt-5-en

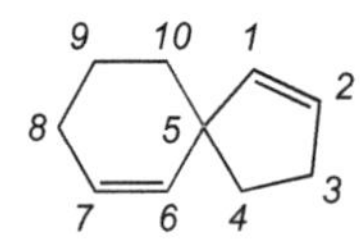

Spiro[4.5]deka-1,6-dien

3 Aromat- och heterocykelnamn

3.1 Aromatiska kolväten

Aromatiska kolväten benämns i regel med trivialnamn (*bensen*, *toluen*, *naftalen* etc.), som fortfarande har en stark ställning inom aromatnomenklaturen.

Aren

Klassnamnet för aromatiska kolväten är *aren*, men denna beteckning har inte alls samma nyckelställning som begreppet *alkan* besitter inom den alifatiska seriens nomenklatur.

orto-, meta-, para-

Substituenters position på bensenringen anges med siffror. För derivat med endast två substituenter kan dock *orto-*, *meta-* eller *para-* (skrivs vanligtvis *o-*, *m-* resp. *p-*, se formelexempel nedan) användas för 1,2-, 1,3- resp. 1,4-. Vid utskrivningen av namnen ordnar man substituenterna i bokstavsordning. Besiffringen bör i görligaste mån harmoniera med denna.

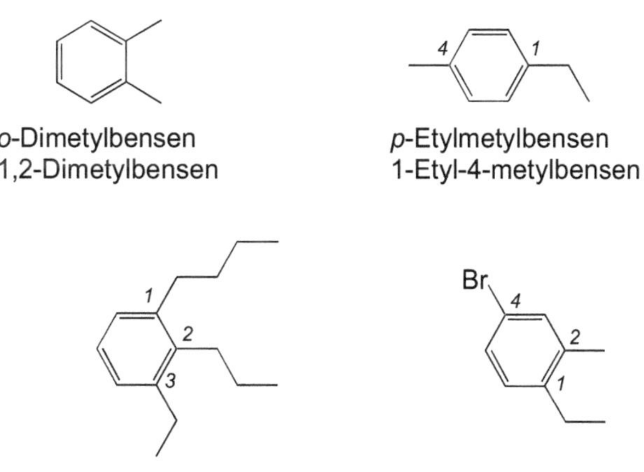

o-Dimetylbensen
1,2-Dimetylbensen

p-Etylmetylbensen
1-Etyl-4-metylbensen

1-Butyl-3-etyl-2-propylbensen

4-Bromo-1-etyl-2-metylbensen

3.1.1 Kondenserade ringar och ringfogning

Även för kondenserade aromater förekommer ett stort antal trivialnamn. Nedan lämnas några exempel på ringsystem som har anknytning till läkemedelskemin.

Naftalen

Naftacen

Antracen

Fenantren

Principen för rationell numrering framgår av strukturformlerna för *naftalen* och *naftacen.* Ringsystemen skall orienteras så att maximalt antal ringar ligger i en horisontell rad. Den kolatom som är högst upp och närmast fogen i ringen längst till höger tilldelas siffran 1. I fallen *antracen* och *fenantren* har man valt att behålla den typ av numrering som förekommer i äldre litteratur. För större linjära, kondenserade ringsystem tillämpar man rationell nomenklatur. Efter naftacen följer *pentacen* (fem ringar), *hexacen* (sex ringar) osv. Lägg märke till att gemensamma atomer inte numreras. Skulle det ändå finnas ett behov att numrera dessa kan man använda sådana bokstavsbeteckningar som anges i naftacenformeln. Exempel finns i det kemiska namnet på tetracyklin (se t.ex. FASS).

I inden utgår numreringen från den kolatom som inte är dubbelbunden (se vidare avsnitt 3.1.2). I fallet fluoren tillämpas en regel som säger att ringsystemet skall orienteras så att gemensamma atomer får så låga lokantsiffror som möjligt, i detta fall 4a och 4b (besiffring av gemensamma atomer: se avsnitt 3.3).

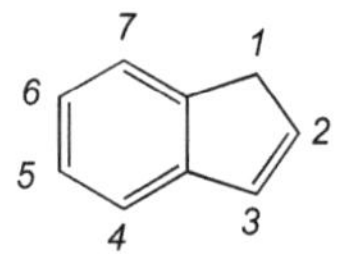

Inden

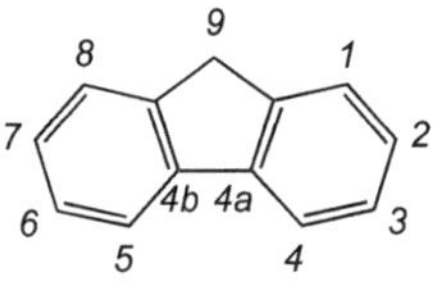

Fluoren

Fogade ringar

För benämning av vissa nya och ovanliga ringsystem har man utarbetat en rationell nomenklatur som i princip går ut på att man tänker sig ringaggregatet hopfogat av delar som har kända namn. Fogens läge måste vanligtvis preciseras; denna uppgift meddelas inom klammer i namnet. Följande exempel illustrerar metodiken.

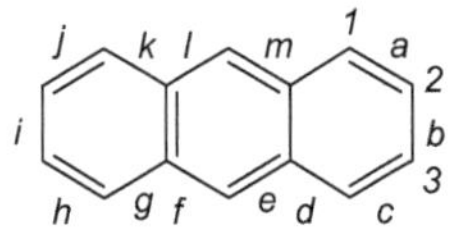

Hjälpbokstavering av antracen

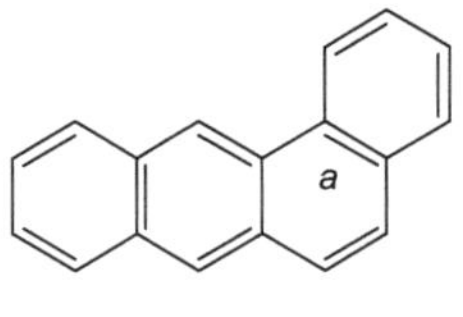

Bens[*a*]antracen

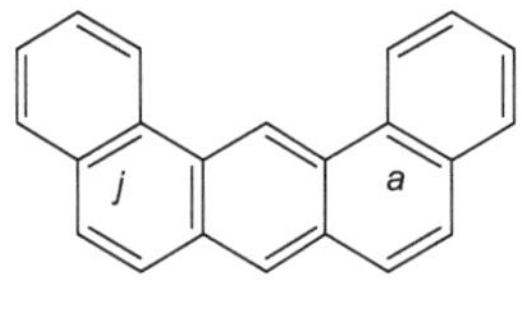

Dibens[*a,j*]antr acen

De båda högra kolvätena kan betraktas som derivat av den tricykliska arenen *antracen,* till vilken en resp. två bensenringar är fogade. Bensenringarna är i dessa fall underordnade ringkomponenter.

Regelfloran på detta område är omfattande, och kan här endast antydas i korthet. För att i ovanstående exempel ange var bensenringen är kondenserad vid huvudringen antracen utgår man från den numrerade antracenringen och

Hjälpnumrering

kallar sidan 1-2 för a, sidan 2-3 för b osv. Denna numrering, s.k. *hjälpnumrering,* är densamma som gäller för motsvarande fristående ringsystem. Övriga ytterkanter i antracenringen bokstaveras på det sätt som visas i formeln ovan. I det första fallet ligger fogen längs kanten *a,* vilket anges med att *a* sättes inom klammer mellan *bens* och *antracen.* För bensenringen behöver ingen kantangivelse göras, eftersom alla dess sidor är likvärda. En sådan bokstav som [*a*] syftar alltså på huvudringen, som står nämnd *efter* klammern.

I de fall där också den underordnade ringkomponentens fogsida måste specificeras, görs även detta genom hjälpnumrering. Antra[2,1-*a*]naftacen får tjäna som exempel:

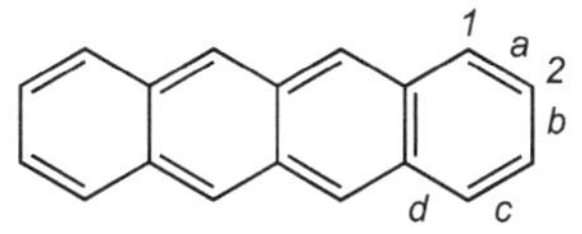

Hjälpbokstavering av naftacen

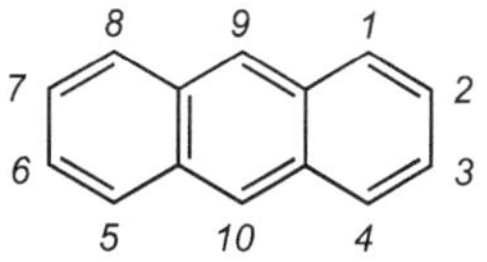

Hjälpnumrering av antracen ("antra")

Vid fogen är ringkomponenterna vända mot varandra på detta sätt:

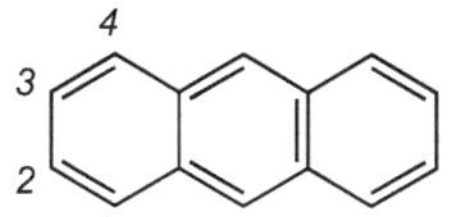

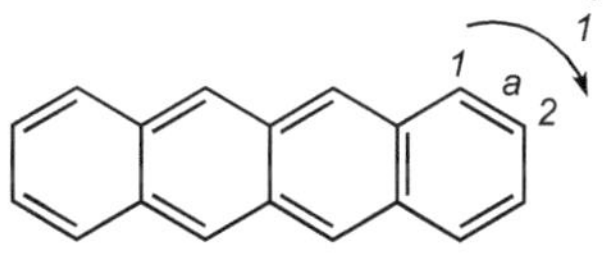

Följ naftacens fogsida från lägre till högre siffra. Du möter därvid antracen-komponentens fogsideatomer i följden 2,1.

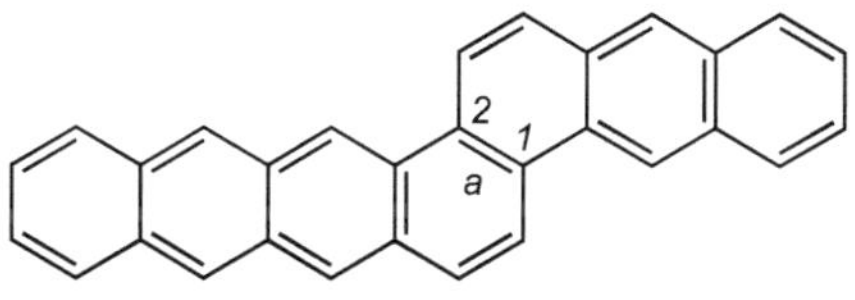

Antra[2,1-*a*]naftacen
(hjälpbokstav och hjälpsiffror är utsatta vid fogen)

Naftacen är i detta fall huvudringsystem. Vid fogen är ringkomponenterna vända mot varandra på så sätt att man, då man går utmed *huvudringsystemets* fogsida från lägre till högre numrerade atomer (enligt pilen i formeln ovan), möter den *underordnade* ringens fogsideatomer i samma ordningsföljd som siffrorna inom klammer uppräknas. Dessa siffror syftar alltså på den underordnade ringkomponenten. Denna står nämnd *före* klammern. Samma namn-

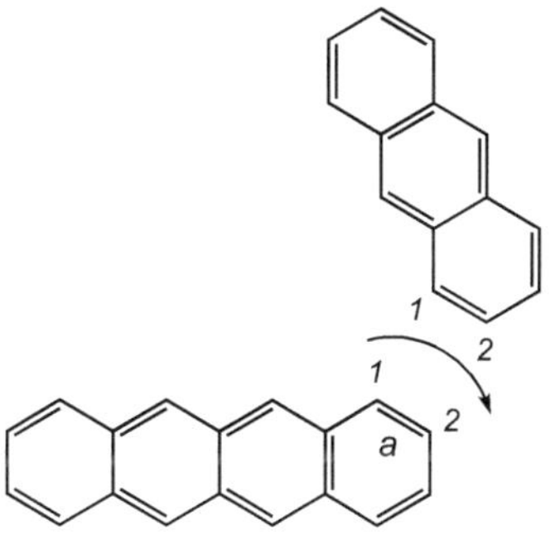

Naftacen

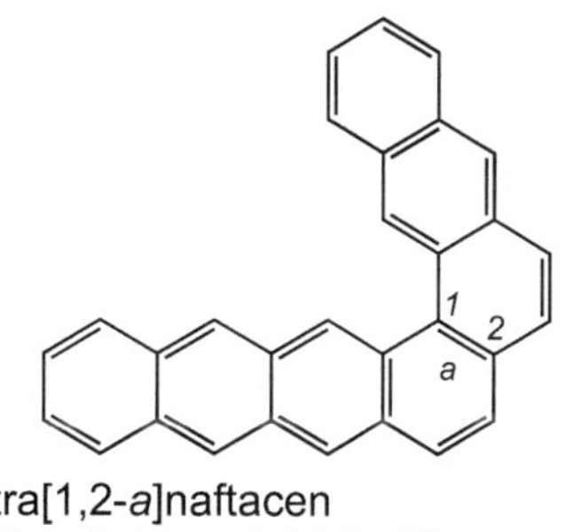

Antra[1,2-*a*]naftacen
(hjälpbokstav och hjälpsiffror är utsatta vid fogen)

givningsprincip används beträffande den isomera föreningen antra[1,2-*a*]naftacen (se ovan).

När det sedan gäller numrering av de kondenserade ringsystemen ovan har den tillämpade hjälpnumreringen av ringkomponenterna inget inflytande. Åtgärden är i stället att först korrekt orientera ringsystemet och därefter tillämpa en enkel regel för numreringen. Denna regel behandlas närmare i avsnitt 3.3.

3.1.2 Indikerat väte

För att markera positionen av en konjugationsbrytande sp^3-kolatom i vissa ringsystem använder man *indikerat väte* (eng. *indicated hydrogen*), dvs. en lokant åtföljd av symbolen *H*. Ringsystemen ifråga måste innehålla maximalt antal icke-kumulerade dubbelbindningar. Jämför följande parvis ordnade formler:

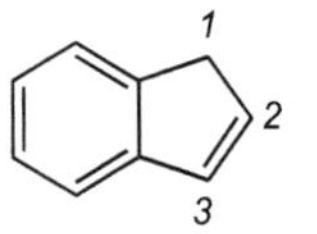

Inden
(1*H*-Inden)

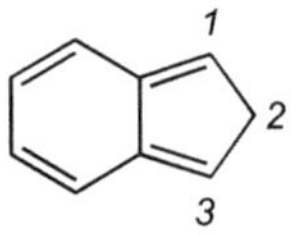

2*H*-Inden

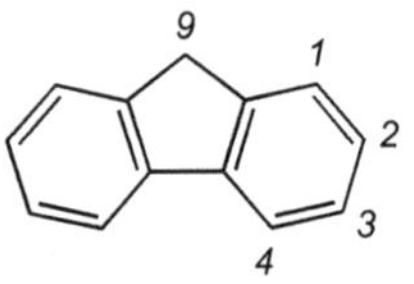

Fluoren
(9*H*-Fluoren)

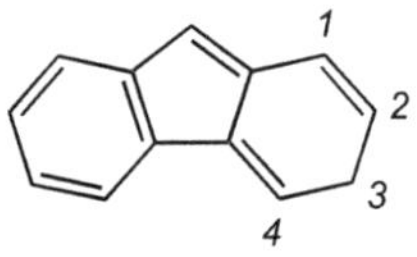

3*H*-Fluoren

Föreningarna är som synes parvis isomera, och de har maximalt antal icke-kumulerade dubbelbindningar. Namnen på de första kolvätena i varje par är *inden* respektive *fluoren*, som redan har nämnts (s. 22). Enda skillnaden mellan dessa och isomererna ovan är den mättade kolatomens position. För att namnmässigt hålla isär isomererna använder man sig av indikerat väte. Namnen på isomererna till inden och fluoren blir resp. 2*H*-inden och 3*H*-fluoren. Från hörnen 2 resp. 3 utgår ingen *endocyklisk* dubbelbindning. Däremot kan en dubbelbunden *substituent*, t.ex. ett karbonylsyre, vara ansluten till ett sådant ringhörn.

Om man vill markera att dubbelbindningar har hydrogenerats, kan man använda prefixet *hydro*, föregånget av lokanter och ett lämpligt multiplika-

Indan

tionsprefix (jfr avsnitt 1.3.2). För 2,3-dihydroinden tillåtes namnet *indan* enligt IUPAC-reglerna.

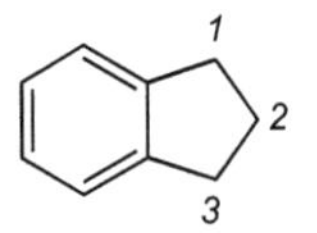

2,3-Dihydroinden,
indan

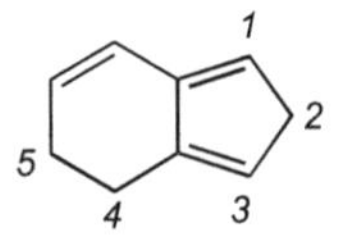

4,5-Dihydro-2*H*-inden

Indikerat väte kan också användas i namn på substanser där införandet av en substituent – ofta ett karbonylsyre – medför att en π-bindning måste brytas, och att ett extra väte tillkommer. Lokanten jämte symbolen *H* sätts i sådana fall inom parentes och omedelbart efter den lokant som syftar på ifrågavarande substituent:

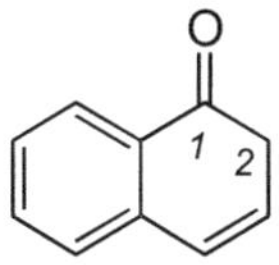

1(2*H*)-Naftalenon
(Modersubstans: naftalen)

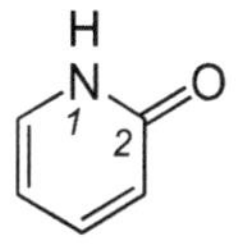

2(1*H*)-Pyridinon
(Modersubstans: pyridin)

3.1.3 Aromatiska radikaler

Aryl

Klassnamnet *aryl* kan användas som samlingsbenämning på de aromatiska radikaler i vilka bindningen till stammen utgår från ett av ringens sp^2-kol. Nedan ges exempel på trivialbenämnda radikaler som innehåller en mono- eller bicyklisk aromatkomponent. De grekiska bokstäver som är utsatta i några av formlerna används som lokanter då ifrågavarande kol binder en substituent.

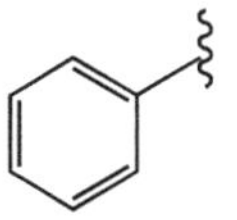

Fenyl

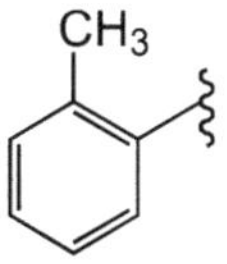

o-Tolyl, 2-tolyl,
2-metylfenyl

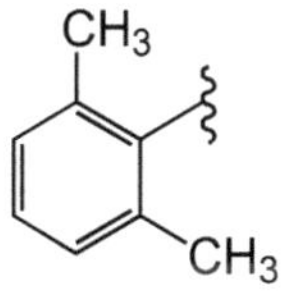

2,6-Xylyl,
2,6-dimetylfenyl

p-Fenylen,
1,4-fenylen

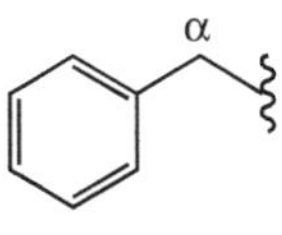

Bensyl

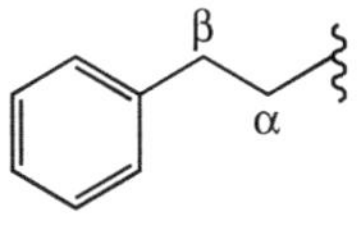

Fenetyl,
2-fenyletyl

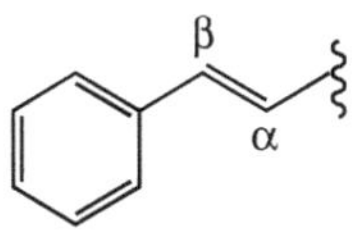

(E)-Styryl,
(E)-2-fenyletenyl

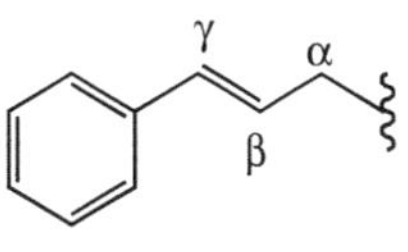

(E)-Cinnamyl,
(E)-3-fenyl-2-propenyl

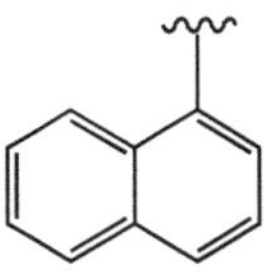

1-Naftyl

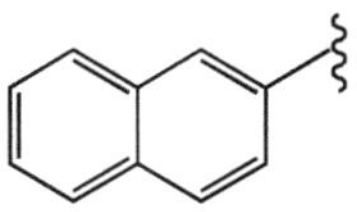

2-Naftyl

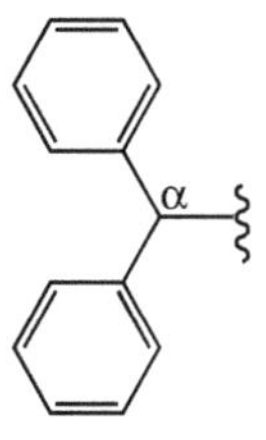

Benshydryl,
difenylmetyl

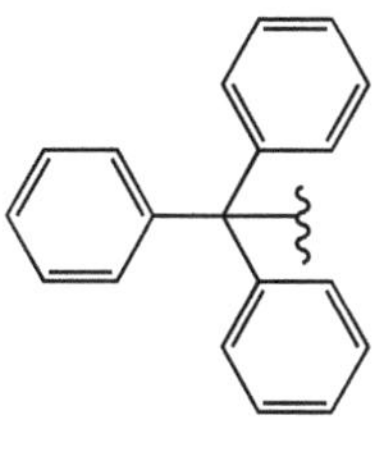

Trityl,
trifenylmetyl

3.2 Heterocykliska föreningar

Trivialbenämnda fem- och sexledade system spelar en dominerande roll inom den heterocykliska serien, men särskilt för nyare ringsystem har man sökt utveckla en rationell nomenklatur.

I rationella namn kombineras ett utbytesprefix, som anger heteroatomernas natur, med en ändelse som betecknar ringstorlek och mättnadsgrad (se tabellen nedan). Lägg märke till att ändelserna som åsyftar kvävehaltiga ringar i vissa fall skiljer sig från dem som gäller för kvävefria. De vanligaste

Utbytesprefix

utbytesprefixen är *aza*, *oxa*, *tia* och *fosfa* (se även avsnitt 1.3.5; ändelsen *-a* kan utelämnas före vokal).

Ring-	*Ring med N*		*Ring utan N*		
storlek	*omättad*	*mättad*	*omättad*	*mättad*	
3	-irin	-iridin	-iren	-iran	(från t*ri*)
4	-et	-etidin	-et	-etan	(från t*et*ra)
5	-ol	-olidin	-ol	-olan	
6	-in	perhydro-	-in	-an	
7	-epin	"	-epin	-epan	(från h*ep*t)
8	-ocin	"	-ocin	-okan	(från *oc*ta)

En mättad trering med ett N heter således *aziridin*, medan en sådan utan N kan heta t.ex. *oxiran* (etenoxid). Vidare heter enligt tabellen en mättad åttaledad ring med två kväveatomer t.ex. (beroende på kväveatomernas inbördes läge) perhydro-1,4-diazocin.

Med *omättad* menas i tabellen ovan alltid en struktur med *maximalt antal icke-kumulerade dubbelbindningar*, något som ofta, men långt ifrån alltid, är liktydigt med konjugerade dubbelbindningar som i azocin- och triazinexemplen nedan. När fullständig konjugering av dubbelbindningarna inte är möjlig krävs i regel ett indikerat väte (se avsnitt 3.1.2) i namnet för att entydigt beskriva dubbelbindningarnas lägen. Detta gäller bl.a. azepinerna nedan.

Några exempel på rationellt benämnda kväveheterocykler:

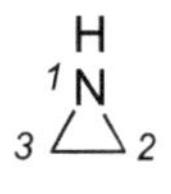

Aziridin 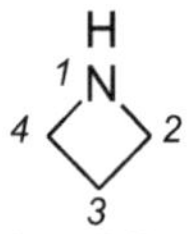   Azetidin 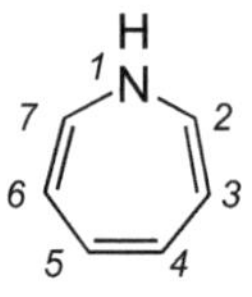   1*H*-Azepin 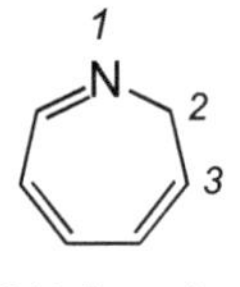   2*H*-Azepin 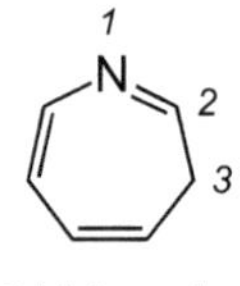   3*H*-Azepin 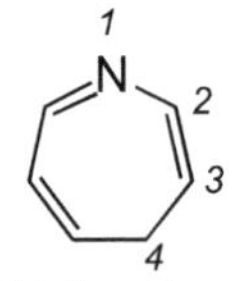   4*H*-Azepin

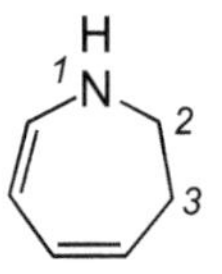

2,3-Dihydro-1*H*-azepin 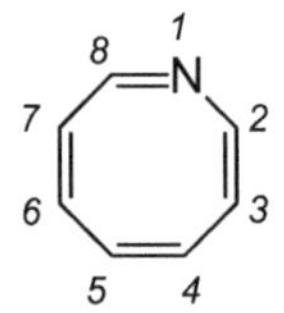   Azocin 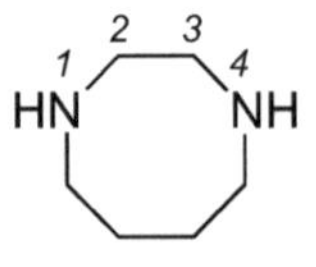   Perhydro-1,4-diazocin 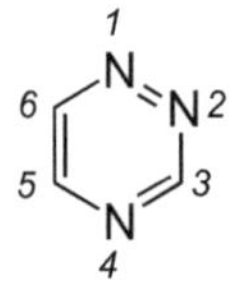   1,2,4-Triazin

Några exempel på rationellt benämnda syreheterocykler:

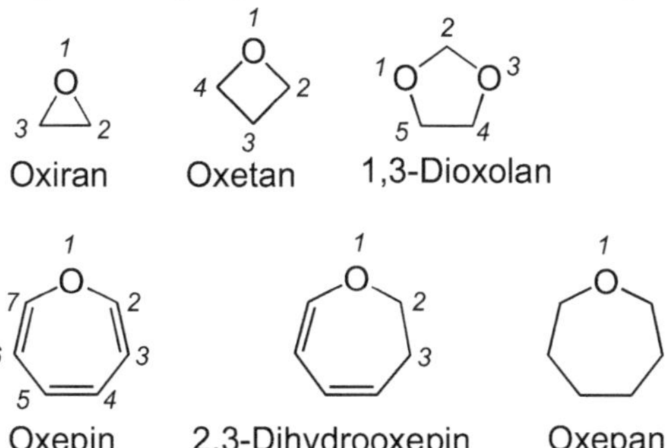

Vid numrering av monocykliska system strävar man efter att ge heteroatomerna så låga nummer som möjligt. Om det finns flera olika slags heteroatomer skall den som står längst upp till höger i periodiska systemet ges högsta prioritet, dvs. lägsta möjliga lokant (ordningen O, S, N, P för de vanligaste).

-olidin
-olin

Av tabellen på s. 26 framgår att namnet på en mättad kvävehaltig femring skall sluta på *-olidin*. För en partiellt mättad sådan ring används ändelsen *-olin*.

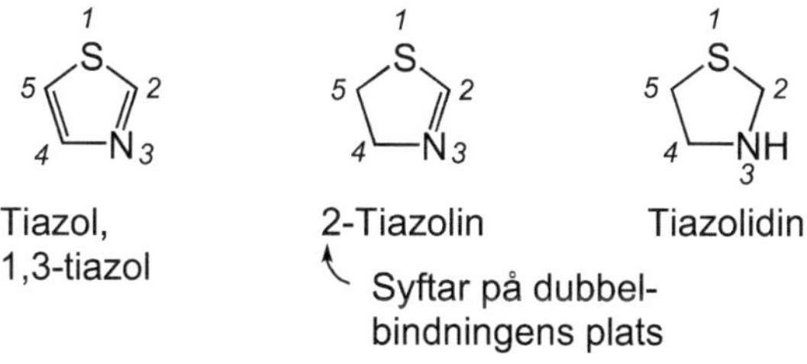

Metoden att ange stegvis hydrogenering hos ett femledat heterocykliskt system har sedan länge använts för trivialbenämnda heterocykler. Några exempel förekommer i följande sammanställning av heterocykelformler. Urvalet av formler är främst betingat av ringsystemens förekomst i läkemedel.

Furan | Imidazol, 1,3-diazol | 2-Imidazolin | Imidazolidin | Isotiazol 1,2-tiazol

Isoxazol, 1,2-oxazol | Oxazol, 1,3-oxazol | Pyrazol, 1,2-diazol | Pyrrol | 2-Pyrrolin

Pyrrolidin | Tiofen | 1,2,3-Triazol | 1,2,4-Triazol | 1,2,3,4-Tetrazol

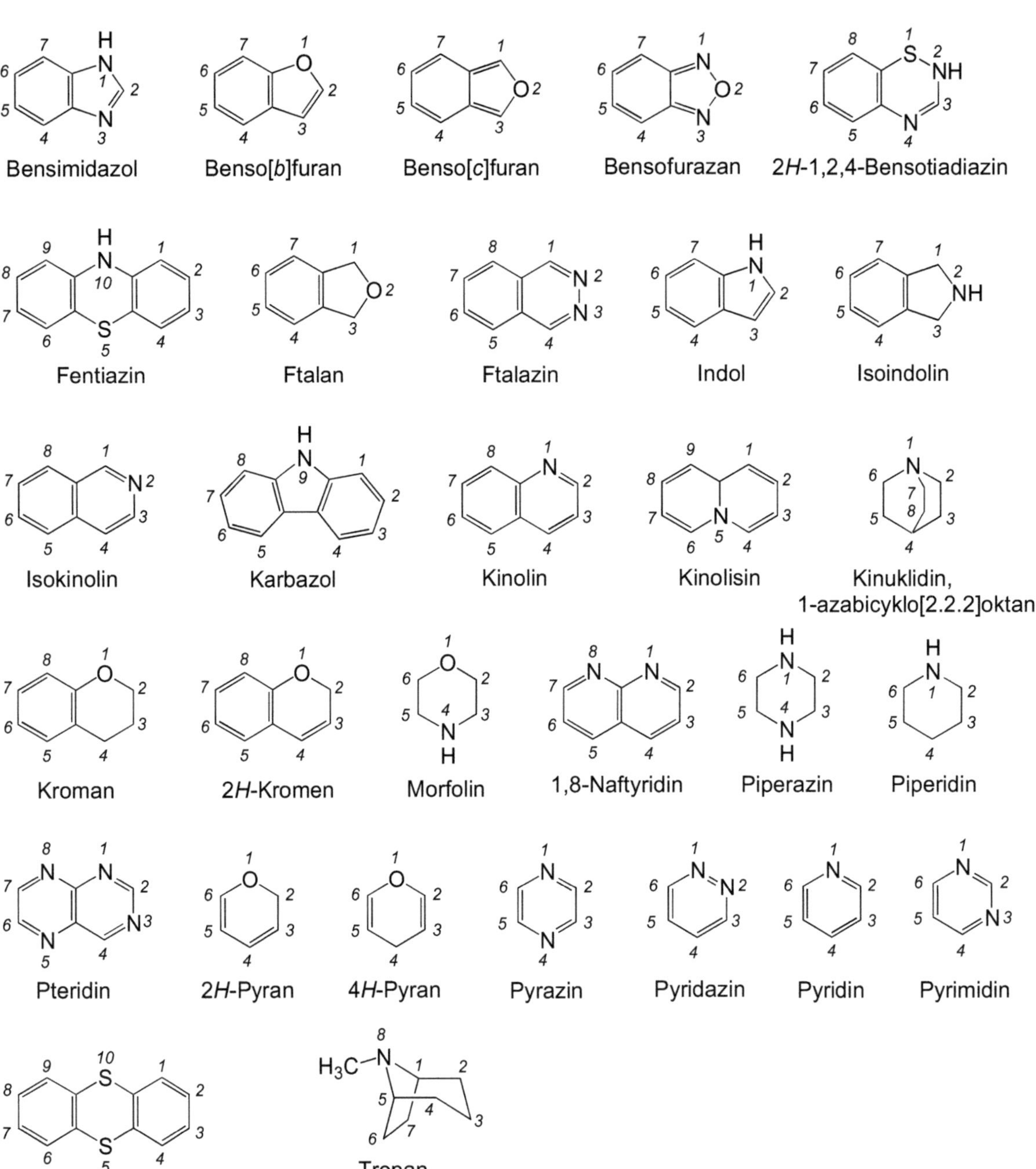

I åtskilliga fall har man bibehållit en äldre, icke-rationell, numrering av heterocykliska ringsystem. Numreringen av *morfinan* och *purin* avviker starkt från det normala mönstret:

Morfinan Morfinan Purin

I treringssystemen *akridin*, *tioxanten* och *xanten* numreras mittringens atomer sist. Heteroatomen tilldelas den högsta lokanten.

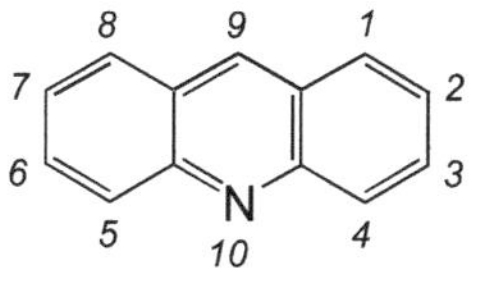

Akridin 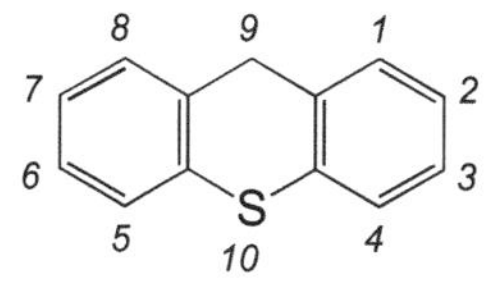   Tioxanten 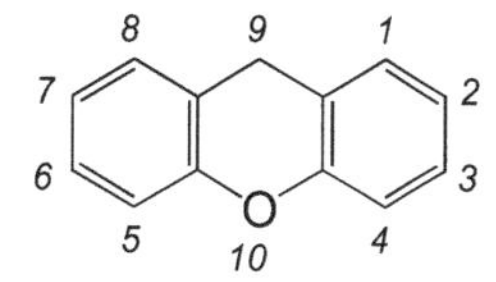   Xanten

3.2.1 Kondenserade heterocykler

Som framgår av t.ex. namnet benso[*b*]furan i heterocykelförteckningen ovan kan reglerna (s. 22-24) för ringfogning av kolväten tillämpas även vid namngivning av kondenserade heterocykler. För att undvika flertydighet måste man för det mesta ytterligare precisera ringfogningen. Nedanstående ringsystem, nafto[2,3-*b*]tiofen, får tjäna som exempel:

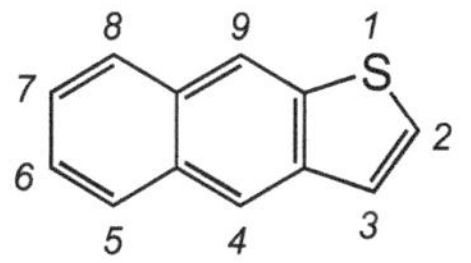

Nafto[2,3-*b*]tiofen

Hjälpnumrering och -bokstavering av ringkomponenterna:

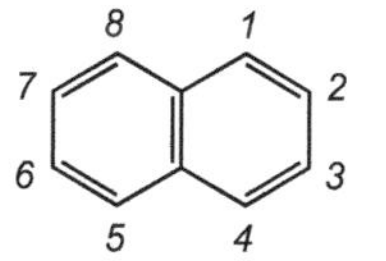

Naftalen, "nafto" 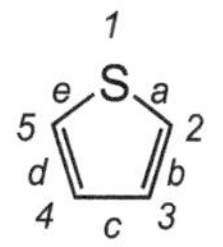   Tiofen

Vid fogningen skall ringkomponenterna vändas mot varandra enligt nedan:

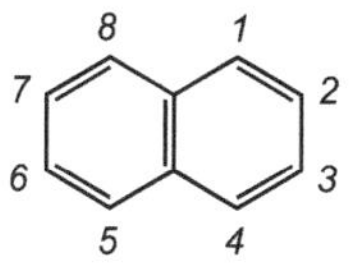

Naftalen, "nafto" 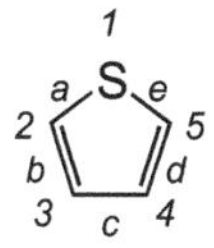   Tiofen

Följ huvudringens fogsida från lägre till högre siffra. Du möter därvid den underordnade ringens fogsideatomer i följden 2,3.

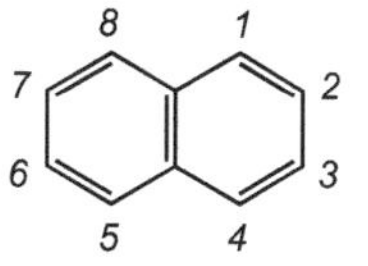

Naftalen, "nafto" 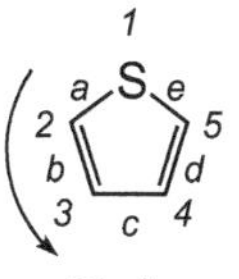   Tiofen

Den ringkomponent, i detta fall tiofen, som väljs som huvudring (se IUPAC-reglerna, rule B–3), skall stå sist i namnet på det kondenserade systemet. Vid namnkonstruktionen hjälpnumreras komponenterna först var för sig, jfr s. 23. Därefter benämns sidan 1-2 i tiofen a, 2-3 b osv. Den viktigaste ringkomponentens sidor förses således med bokstavsbeteckningar enligt samma regler som gäller för isocykliska komponenter. Siffrorna 2,3 inom klammern syftar på naftalenringens fogsida och bokstaven b på tiofens. Sifferföljden anger hur ringarna skall orienteras i förhållande till varandra vid fogningen (jfr det isocykliska ringsystemet antra[2,1-*a*]naftacen, s. 23). – Som ytterligare illustration visas nedan strukturformlerna för två isomerer till nafto[2,3-*b*]tiofen, närmare bestämt nafto[1,2-*b*]tiofen och nafto[2,1-*b*]tiofen:

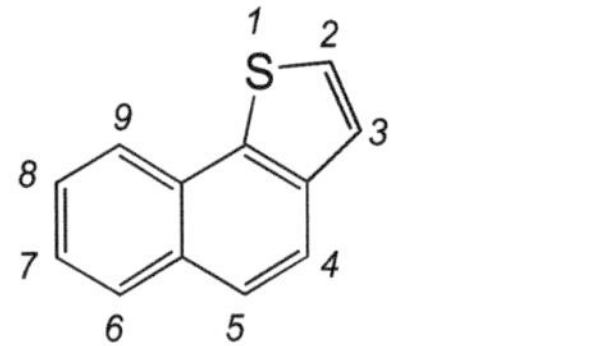

Nafto[1,2-*b*]tiofen Nafto[2,1-*b*]tiofen

Vid fogning av två eller flera heterocykliska ringar är tillvägagångssättet likartat det ovan beskrivna. Tre kondenserade ringsystem, närmare bestämt tieno[3,2-*c*]kinolin, pyrimido[4,5-*d*]pyrimidin och pyrimido[5,4-*d*]pyrimidin får tjäna som exempel. Det sistnämnda ringsystemet ingår i läkemedelssubstansen *dipyridamol.*

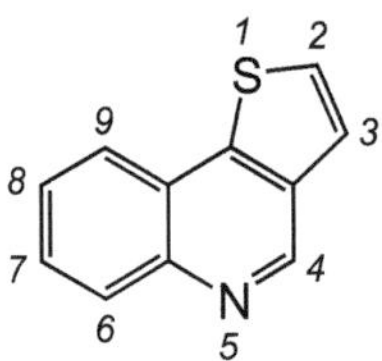

Tieno[3,2-*c*]kinolin

Hjälpnumrering och bokstavering av ringkomponenterna:

Huvudring: kinolin

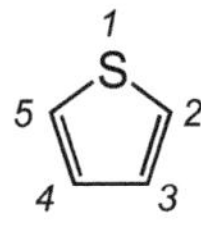

Underordnad ring: "tieno"

Vid fogen skall ringkomponenterna vändas mot varandra på följande sätt:

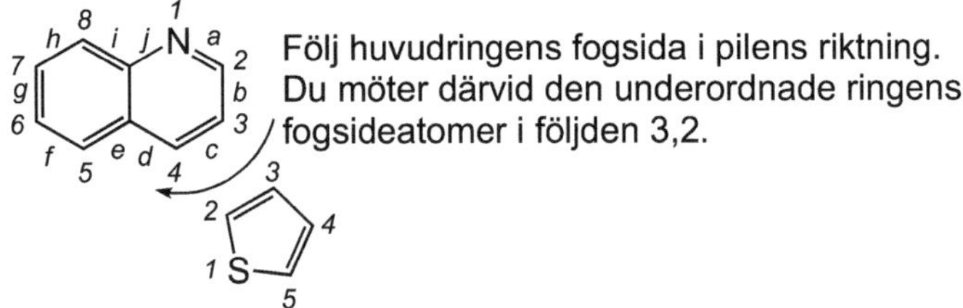

Följ huvudringens fogsida i pilens riktning. Du möter därvid den underordnade ringens fogsideatomer i följden 3,2.

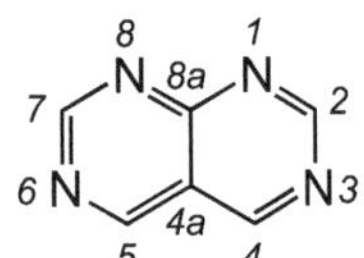

Pyrimido[4,5-*d*]pyrimidin

Pyrimido[5,4-*d*]pyrimidin

Ringkomponenter:

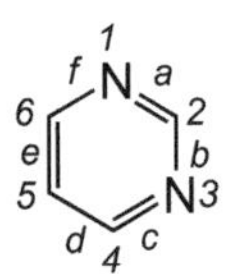

Huvudring: pyrimidin

Underordnad ring: "pyrimido"

Ringfogning [4,5-*d*]: Pyrimido Pyrimidin

Ringfogning [5,4-*d*]: Pyrimido Pyrimidin

2,6-Bis(dietanolamino)-4,8-dipiperidinopyrimido[5,4-d]pyrimidin (dipyridamol)

Vid numrering av *hela* ringsystemet utgår man från någon av de atomer som sitter närmast fogen och fortsätter runt periferin i sådan riktning att den påbörjade ringen först färdignumreras. Vid val av utgångspunkt tillser man att summan av heteroatomernas lokanter blir så låg som möjligt.

Rationellt benämnda ringkomponenter i fogade system anses alltid innehålla maximalt antal icke-kumulerade dubbelbindningar. Så är t.ex. fallet vad gäller den åttaledade ringen i 5*H*-cyklookt[*b*]indol. *Cyklookt* syftar på *cyklookten*komponenten (egentligen cyklooktatetraen), som har fyra konjugerade dubbelbindningar, trots att detta inte särskilt markeras i namnet.

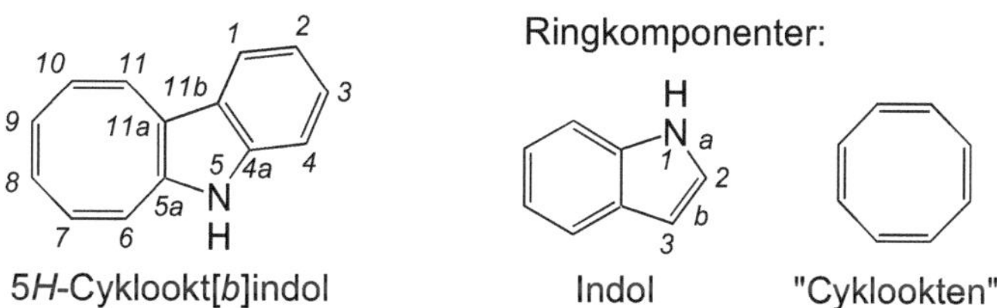
5*H*-Cyklookt[*b*]indol

Ringkomponenter: Indol "Cyklookten"

System bestående av två ringar, där den ena är bensen och den andra en heterocykel med rationellt namn, benämnes genom att man med hjälp av lokanter och prefix anger läget av heteroatomerna. Följande exempel är hämtade från läkemedelsområdet:

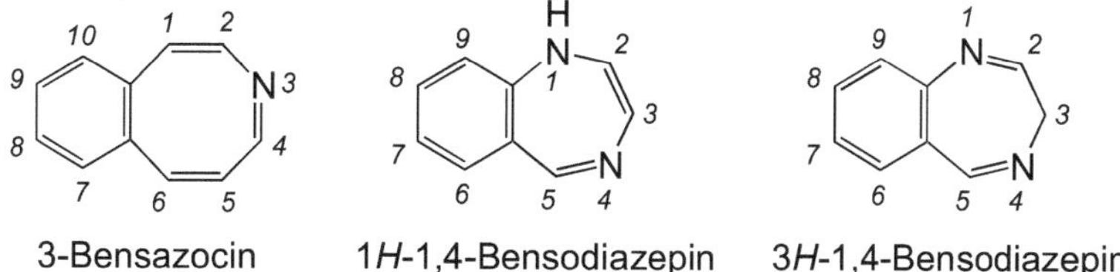
3-Bensazocin 1*H*-1,4-Bensodiazepin 3*H*-1,4-Bensodiazepin

Ringsystemet 3-bensazocin ingår i pentazocin (se s. 20), ett syntetiskt opioidanalgetikum. Bensodiazepinsystemet ingår i sedativa/hypnotika tillhörande gruppen bensodiazepiner (*diazepam* m.fl., se formel nedan).

Genom att inte – som i den förra typen av namn på fogade ringsystem – sätta siffrorna 3 resp. 1,4 inom klammer markerar man att dessa siffror inte är någon "hjälpnumrering" utan syftar på positioner i det fullständiga ringsystemet.

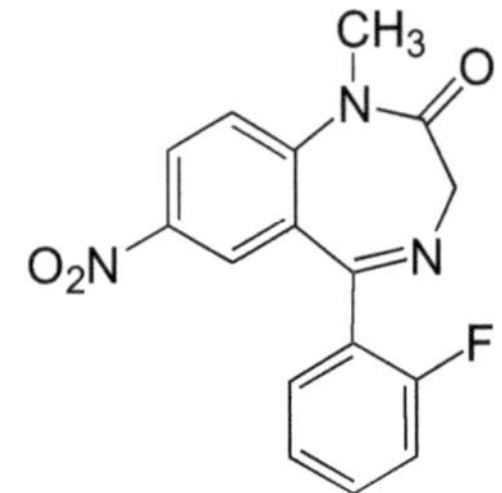

5-Fenyl-7-kloro-1-metyl-1*H*-1,4-bensodiazepin-2(3*H*)-on (diazepam)

5-(*o*-Fluorofenyl)-1-metyl-7-nitro-1*H*-1,4-bensodiazepin-2(3*H*)-on (flunitrazepam)

Andra exempel på fogade ringar med en rationellt benämnd komponent:

1*H*-1,3-Bensodiazepin

1*H*-1,5-Bensodiazepin

3*H*-1,5-Bensodiazepin

2*H*-1,2,4-Bensotiadiazin

4*H*-3,1-Bensoxazin

Fogade system benämnda enligt denna princip kan också användas som komponenter för konstruktion av namn på mer komplexa ringstrukturer.

3.2.2 Heterocykliska radikaler

Envärda radikaler bestående av en heterocykel vars ena ringatom är bunden till en stam benämns i princip genom tillägg av ändelsen *-yl* till heterocykelns namn, t.ex. 2-imidazolyl. Den till stammen bundna ringatomen måste specificeras med en lokant.

10-Fentiazinyl

2-Imidazolyl

2-Indolyl

5-Indolyl

5-Isoxazolyl

4-Pyrimidinyl

Avvikande radikalnamn

För vissa heterocykelradikaler används namnformer som avviker från det gängse mönstret: furyl, pyridyl, piperidyl, kinolyl, isokinolyl, tenyl och tienyl. Den sistnämnda beteckningen åsyftar en tiofenradikal och den näst sista en tiofenanalog till bensyl.

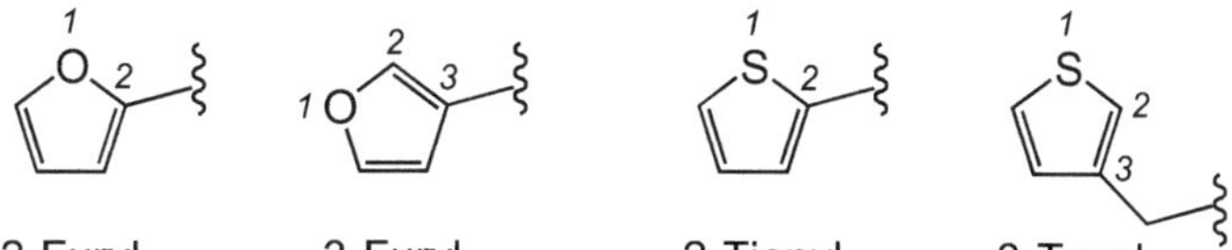

2-Furyl 3-Furyl 2-Tienyl 3-Tenyl

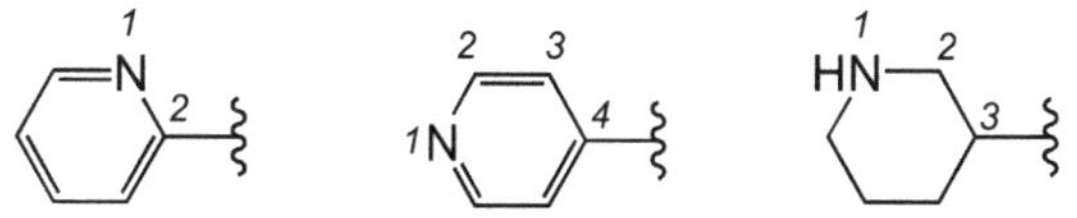

2-Pyridyl 4-Pyridyl 3-Piperidyl

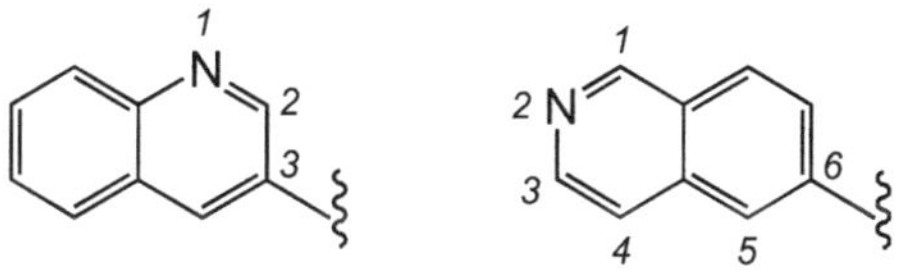

3-Kinolyl 6-Isokinolyl

Andra undantag gäller följande radikaler med fästpunkt vid N: morfolino och piperidino, som föredras framför 4-morfolinyl resp. 1-piperidyl. Vanligt är också namnet pyrrolidino i stället för 1-pyrrolidinyl.

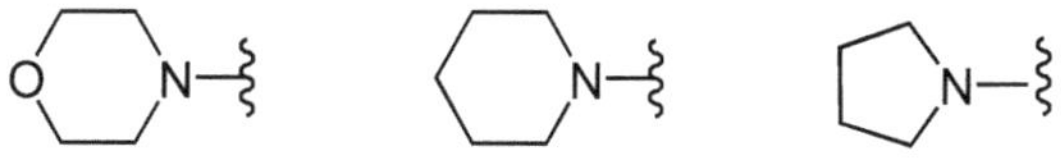

Morfolino Piperidino Pyrrolidino

3.3 Orientering och numrering av polycykliska system

Innan lokanterna sätts ut, skall strukturformeln för ett polycykliskt ringsystem först orienteras i ett kvadrantsystem enligt av IUPAC fastställda regler.

Reglerna föreskriver i korthet att strukturformeln skall läggas in i kvadrantsystemet på så sätt att (a) maximalt antal ringar ordnas i en horisontell rad och (b) maximalt antal ringar ligger i den övre högra kvadranten.

Den horisontella raden med maximalt antal ringar skall centreras kring kvadrantsystemets mittpunkt, se fig. 3–1.

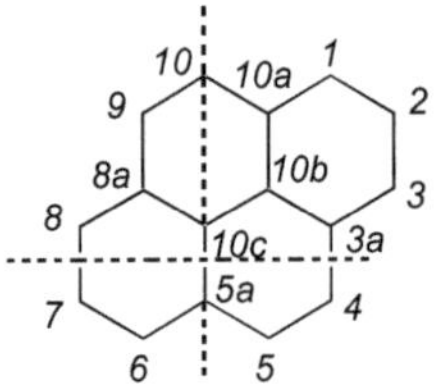

Figur 3–1. Orientering av ett polycykliskt ringsystem

Det korrekt orienterade systemet numreras sedan medurs (se ovan), varvid man börjar i den ring som ligger överst och längst till höger. Som utgångspunkt väljs en atom som ligger så långt moturs som möjligt i denna ring och som dessutom inte är gemensam med en annan ring. Man följer sedan ringsystemets periferi medurs, men hoppar över kolatomer som är gemensamma för flera ringar. Gemensamma heteroatomer numreras däremot, se t.ex. kinolisin i heterocykelförteckningen, s. 28.

Gemensamma kolatomer betecknas med siffra + liten bokstav enligt exemplet ovan. Observera att man ger inre atomer så högt nummer som möjligt (således, som i exemplet ovan, 10b etc.).

Fogade ringsystem bestående av två-tre komponenter erbjuder vanligtvis inga särskilda svårigheter vad gäller orientering och numrering.

Inom läkemedelsgruppen tricykliska antidepressiva finner vi exempel på ett kondenserat treringsystem, 5*H*-dibenso[*a*,*d*]cyklohepten, där en av komponenterna utgöres av en karbocyklisk, sjuledad ring. Indikerat väte (5*H*) måste användas för att entydigt ange dubbelbindningarnas lägen. Nedan visas också det ringsystem som ingår i bl.a. läkemedelssubstansen *amitriptylin*, där dubbelbindningen mellan kol nr 10 och 11 är hydrogenerad (10,11-dihydro...).

5*H*-Dibenso[*a*,*d*]cyklohepten

10,11-Dihydro-5*H*-dibenso[*a*,*d*]cyklohepten

5-(3-Dimetylaminopropyliden)-10,11-dihydro-5*H*-dibenso[*a*,*d*]cyklohepten (amitriptylin)

Beträffande numreringen har man som i tidigare exempel börjat med en av atomerna i en ytterring och närmast intill en ringfog. Ringsystemet har först orienterats så att maximalt antal ringar ligger i en horisontell rad och gemensamma atomer får så låga nummer som möjligt (jfr fluoren, s. 22).

Lägg märke till att med cyklohepten här menas en sjuledad karbocyklisk ring med maximalt antal icke-kumulerade dubbelbindningar (dvs. egentligen 1,3,5-cykloheptatrien).

För att översätta namnet 5*H*-dibenso[*a*,*d*]cyklohepten till en formelbild kan man förfara enligt följande arbetsgång:

Ringkomponenterna:

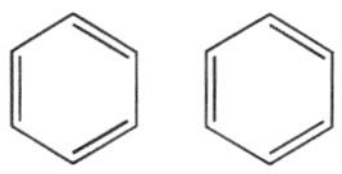

Två bensenringar
(dibenso)

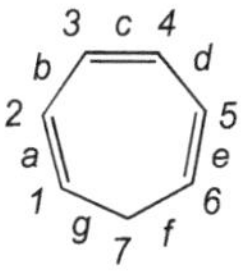

"Cyklohepten", huvudring
Hjälpnumrering och -bokstavering

Foga en bensenring till var och en av sidorna a och d i "cyklohepten":

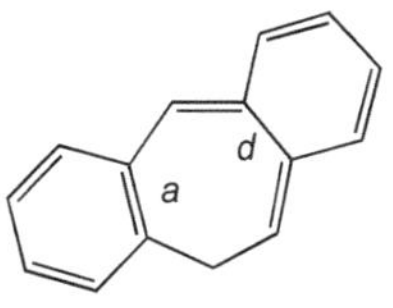

Orientera ringsystemet så att maximalt antal ringar ligger i en horisontell rad och så att gemensamma atomer får lägsta möjliga nummer vid besiffringen. Skriv ut lokantsiffrorna.

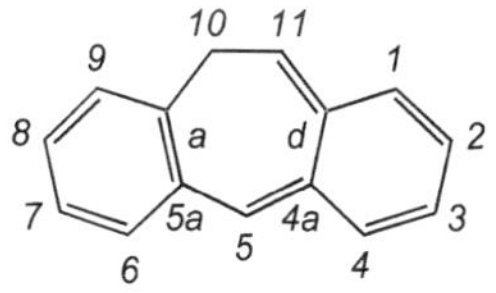

Arrangera dubbelbindningarna så att de ligger korrekt enligt det indikerade vätet (5*H*):

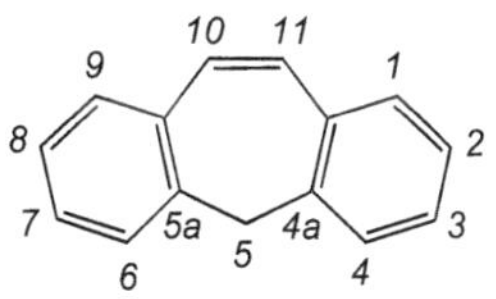

5*H*-Dibenso[*a*,*d*]cyklohepten

Av ovanstående exempel framgår att man efter ringfogningen kan behöva modifiera dubbelbindningsmönstret så att det överensstämmer med ev. indikerade väten i namnet på det kompletta ringsystemet. Detta skall också innehålla maximalt antal icke-kumulerade dubbelbindningar.

Följande exempel (två dubbelbindningsisomerer) är avsett att illustrera fogning av en rationellt benämnd ringkomponent till en trivialbenämnd. Vidare är en av fogsideatomerna en heteroatom.

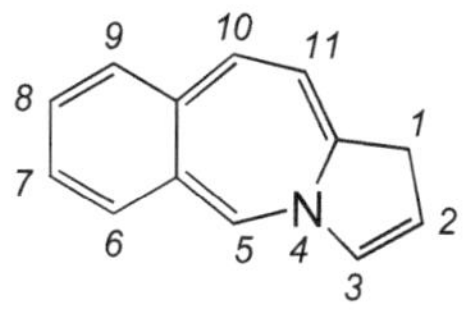

1*H*-Pyrrolo[1,2-*b*][2]bensazepin

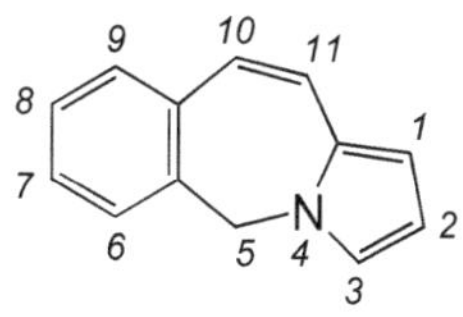

5*H*-Pyrrolo[1,2-*b*][2]bensazepin

Ringkomponenter:

Huvudring: 2-bensazepin
(eg. 1*H*,2-bensazepin)
Rationellt benämnd komponent

Underordnad ring: pyrrol, "pyrrolo"

Observera att siffran 2 i komponentnamnet 2-bensazepin ingår som *hjälpsiffran* [2] i namnet på det kompletta ringsystemet.

Som ytterligare exempel med anknytning till läkemedel kan nämnas det ringsystem, bens[*g*]indolo[2,3-*a*]kinolisin, som ingår i vissa *Rauwolfia*-alkaloider, t.ex. reserpin. Ringsystemet består, som namnet säger, av delarna bensen, indol och kinolisin.

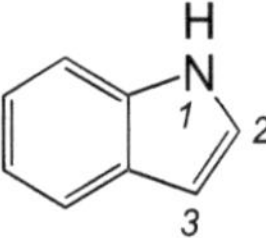

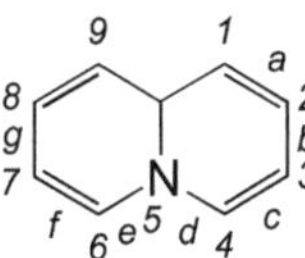

Underordnad ring: bensen, "bens"

Underordnad ring: indol, "indolo"

Huvudring: kinolisin

En svårighet beträffande tolkningen av namnet är att veta vad [*g*] syftar på, eftersom två stycken tvåringskomponenter ingår i ringsystemet.

En av ringarna skall väljas som huvudring (se IUPAC-reglerna, rule B–3). Huvudringen är i detta fall kinolisin. Som prefix, och i bokstavsordning, anges de underordnade ringar som är fogade till huvudringen. Bokstäver inom klammer syftar på huvudringens fogsidor. Här syftar alltså [*g*] på hur bensen är fäst vid kinolisin (och inte vid indol).

Vid fogarna är ringkomponenterna vända så här i förhållande till varandra:

Efter sammanfogning av komponenterna och korrigering av dubbelbindningarna erhåller vi denna struktur (skall innehålla maximalt antal icke-kumulerade dubbelbindningar):

I detta exempel skulle man kunna tänka sig att orientera strukturformeln så att de tre sexringarna ligger i en horisontell rad. Detta alternativ förkastas emellertid, eftersom heteroatomerna då skulle få högre nummer än vid nedanstående orientering, som är den rätta.

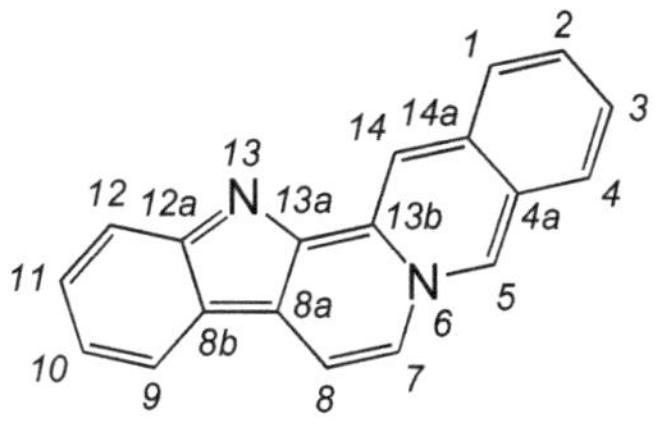

För att visa ett fall där också fogen mellan två underordnade ringar måste specificeras väljer vi ringsystemet 11*H*-benso[5,6]cyklohepta[1,2-*b*]pyridin, vilket ingår i läkemedelssubstansen *loratadin*. Hjälpsiffrorna [5,6] syftar på fogen mellan "benso" och "cyklohepta".

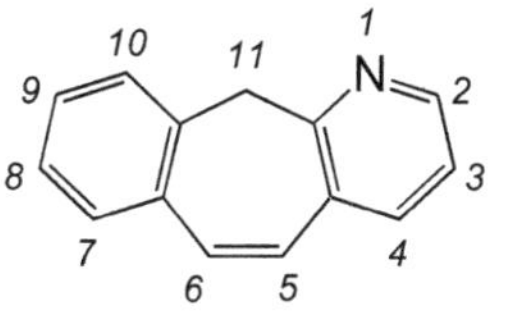

11*H*-Benso[5,6]cyklohepta[1,2-*b*]pyridin

Ringkomponenter, hjälpnumrering och -bokstavering

Underordnad ring: "benso"

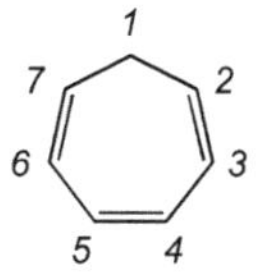

Underordnad ring: "cyklohepta"

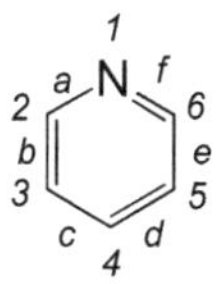

Huvudring: pyridin

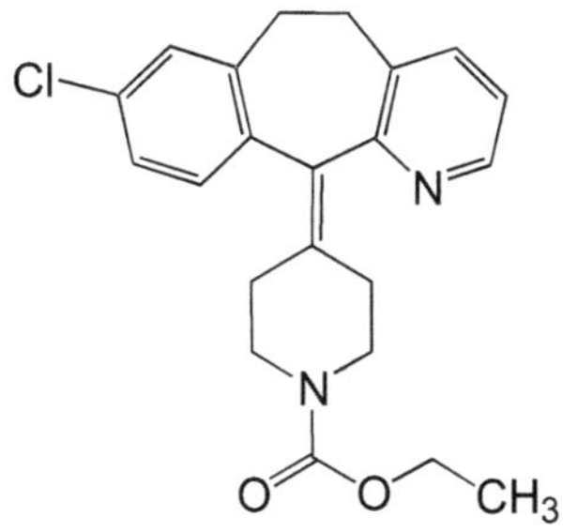

Etyl-4-(8-kloro-5,6-dihydro-11*H*-benso[5,6]cyklohepta[1,2-*b*]pyridin-11-yliden)-1-piperidinkarboxylat (loratadin)

När det gäller numrering av mindre komplicerade system (t.ex. av typen tre ringar i rad) torde det vara mest praktiskt att inte använda det ovan beskrivna kvadrantsystemet. Man kan i stället tillämpa de regler som har antytts tidigare (se s. 31), och som i korthet kan sammanfattas sålunda:

1. Börja numreringen i en yttering, närmast intill en fog, och fortsätt runt periferin i sådan riktning att den påbörjade ringen först färdignumreras. Kolatomer gemensamma för två eller flera ringar skall vanligtvis inte besiffras (vid behov siffra + liten bokstav enligt ovan). Heteroatomer skall däremot alltid tilldelas en lokantsiffra.

2. I praktiken är det vanligen fyra atomer som kan komma i fråga som utgångspunkt. Vid valet mellan dessa skall man i första hand tillse att numreringen ger heteroatomer så låga siffror som möjligt (eller att summan av flera heteroatomers lokanter fyller detta villkor).

3. Om regel 2 ger flera möjligheter, eller då heteroatomer saknas, skall man ge kolatomer gemensamma med två eller flera ringar så lågt nummer som möjligt (jfr s. 35, 5*H*-dibenso[*a*,*d*]cyklohepten).

4. Om fortfarande fler möjligheter finns, ge lägsta nummer åt kol som binder indikerat väte.

4 Steroidnomenklatur

4.1 Sterinskelett

Ringarna i en steroid betecknas A-D såsom framgår av strukturformeln nedan. Kolatomerna skall numreras på följande sätt:

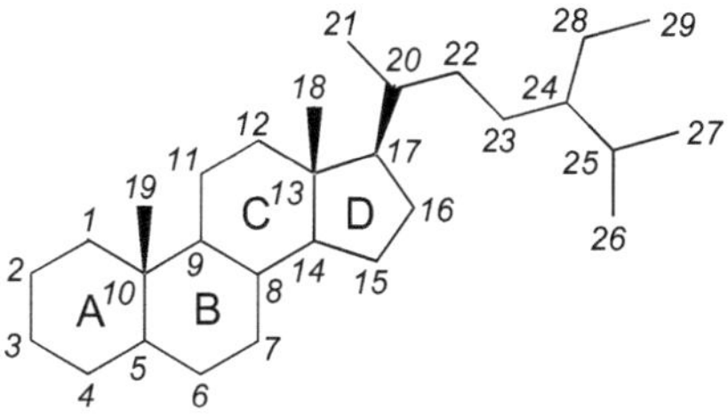

Metylgrupper som sitter vid en ringfog (t.ex. kolatomerna nr 18 och 19) brukar betecknas som *angulära* ("hörnställda").

Angulära metylgrupper

Angulära metylgrupper

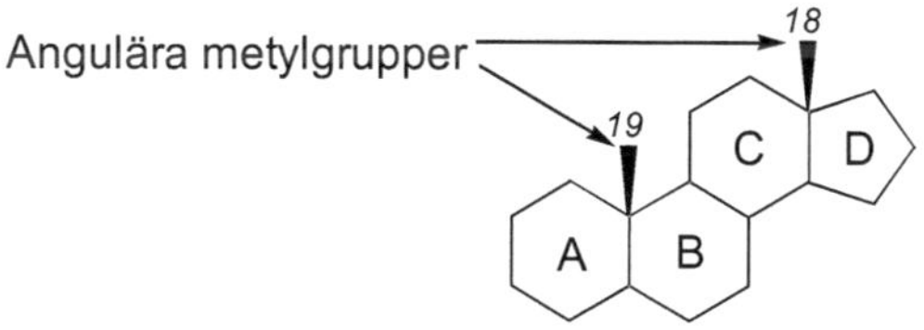

Sterinskelett
Gonan
Estran

Stamkolvätet, *sterinskelettet*, utan angulära metylgrupper vid C-10 och C-13, benämnes *gonan*. Kolvätet med en hörnställd metylgrupp vid C-13 heter *estran* (östran). Väteatomerna vid ringfogarna är utsatta för att markera ringarnas stereostruktur.

α betecknar bindning under formelplanet (streckad linje)

β betecknar bindning över formelplanet (kilformig eller fet linje)

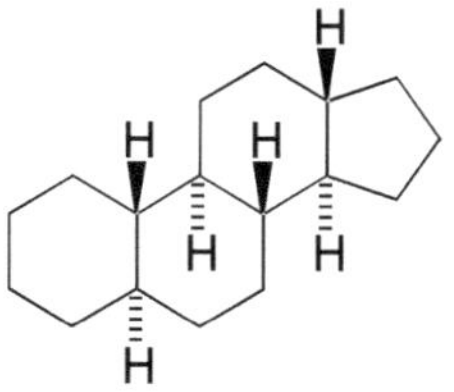

5α-Gonan

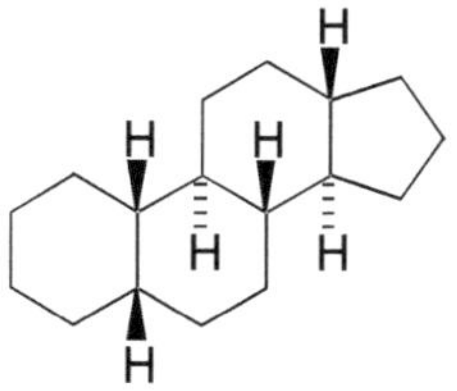

5β-Gonan

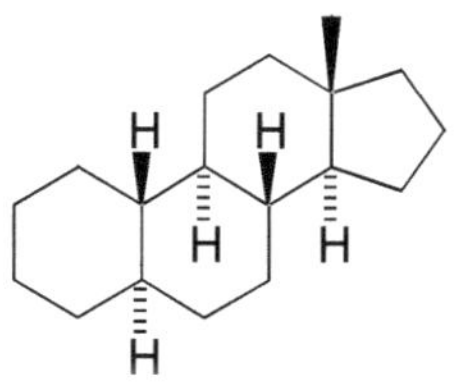

5α-Estran

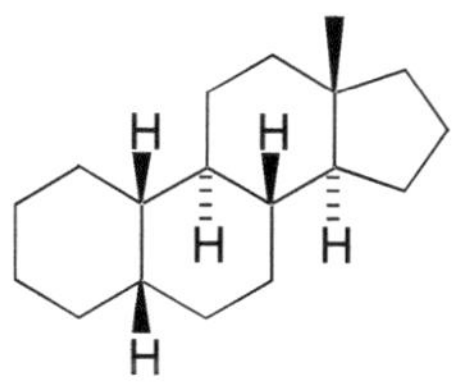

5β-Estran

För nedanstående sterinskelett gäller namnen:

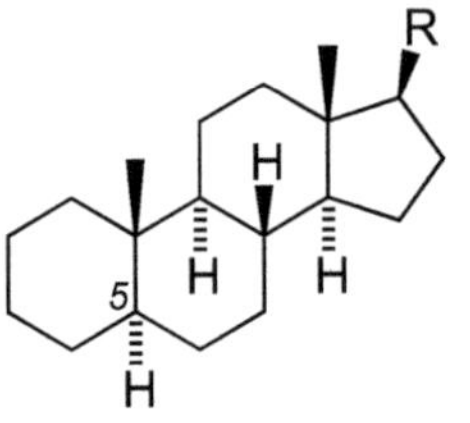

5α 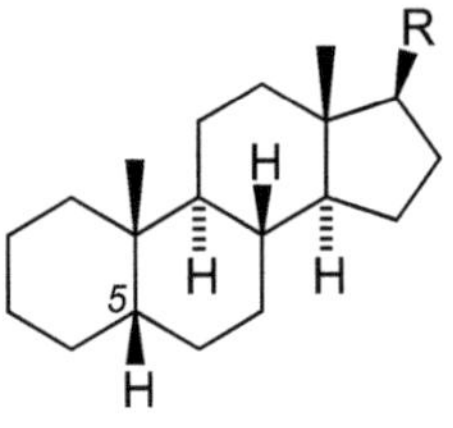 5β

R	5α-Serien	5β-Serien
H	5α-Androstan	5β-Androstan
C_2H_5	5α-Pregnan	5β-Pregnan
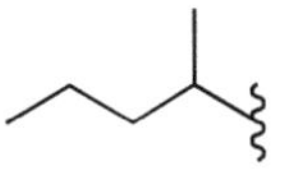	5α-Cholan	5β-Cholan
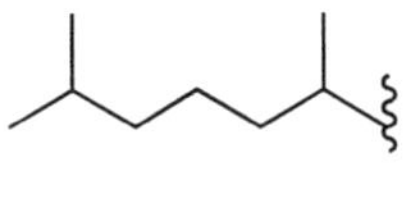	5α-Cholestan	5β-Cholestan (Koprostan)

4.2 Exempel på steroidnamn

Namn på partiellt omättade eller aromatiska steroider härleds från namnen på de mättade föreningarna ovan genom tillägg av lokantsiffra jämte suffixet *-en*. Anmärkas bör att "dubbelbindningarna" i en aromatisk ring skall lokaliseras såsom nedan i estratriens strukturformel:

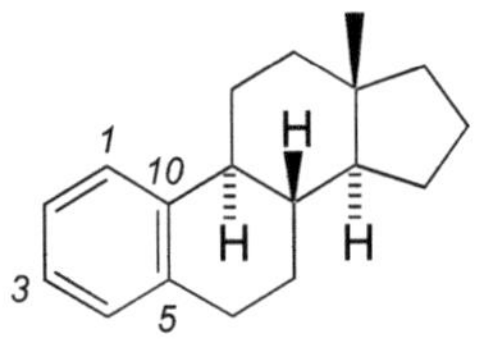

1,3,5(10)-Estratrien

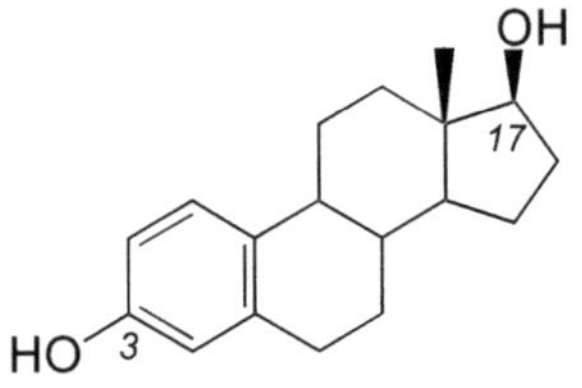

Estra-1,3,5(10)-trien-3,17β-diol (Estradiol)

I fallet estratrien är det nödvändigt att sätta ut lokanten 10 (inom parentes). Om (10) inte utsättes betecknar namnet en steroid med dubbelbindning mellan kolatomerna nr 5 och 6 (jfr avsnitt 2.4).

Nor Avsaknad av en metylgrupp i ett sterinskelett markeras med det subtraktiva prefixet *nor* (jfr avsnitt 1.3.3).

Det rationella namnet på 18-norprogesteron är baserat på stamkolvätet *pregnan*, men kolatom nr 18 saknas (18-nor). Nandrolon namnges med utgångspunkt från *estran*. Här fattas kolatom nr 19 (19-nor).

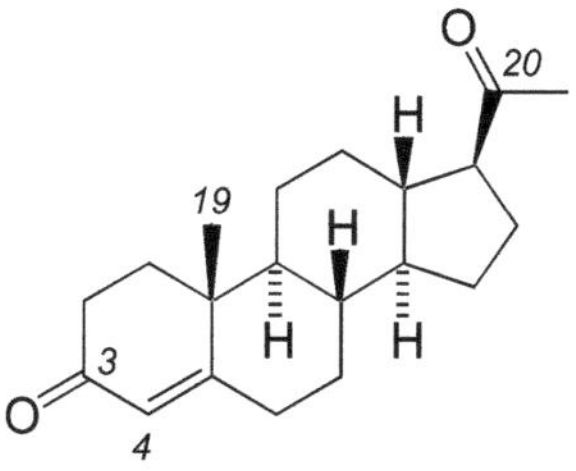

18-Norpregn-4-en-3,20-dion,
18-Norprogesteron

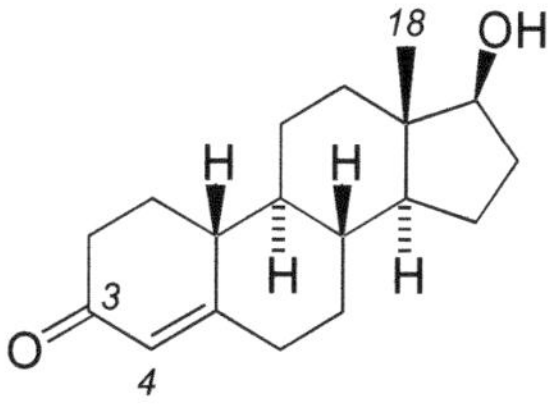

19-Nortestosteron (nandrolon),
17β-Hydroxi-4-estren-3-on

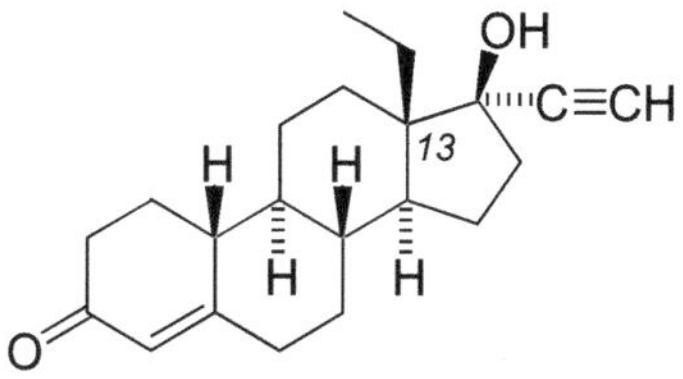

13β-Etyl-17β-hydroxi-18,19-dinor-4-pregnen-20-yn-3-on (norgestrel)

A-norsteroid

Anm. När man talar om *norsteroider* kan man också avse sådana som har erhållits genom borttagande av CH_2 ur en ring. En A-norsteroid har således en femledad A-ring.

Seko

Prefixet *seko* (se t.ex. under A11 i FASS) betecknar uppspjälkning av en ring.

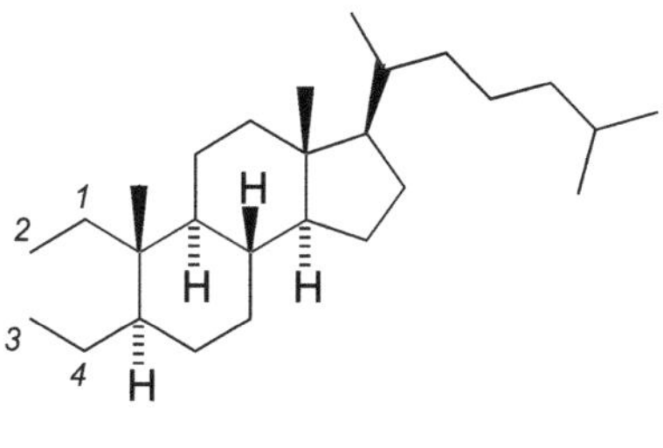

2,3-Seko-5α-cholestan

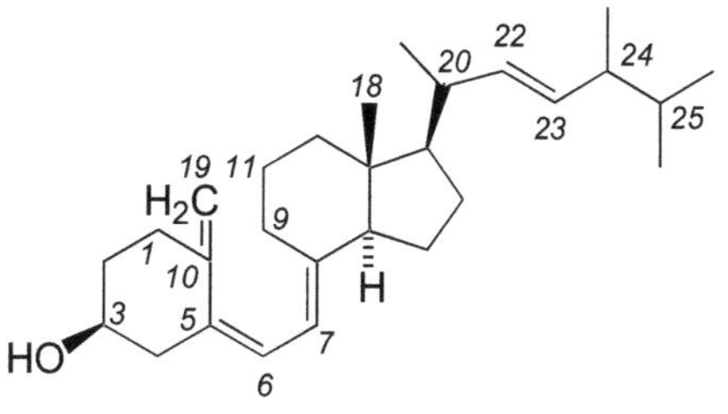

24-Metyl-9,10-sekocholesta-5,7,10(19),22-tetraen-3β-ol
(Ergokalciferol)

5β-Kardanolid

Aglykonen i hjärtaktiva glykosider med femledad laktonring benämnes rationellt med utgångspunkt från steroidskelettet 5β-*kardanolid*:

5β-Kardanolid

3β-14-Dihydroxi-5β-kard-20(22)enolid (Digotoxigenin)

5β-Bufanolid

Motsvarande steroidskelett med sexledad laktonring kallas 5β-*bufanolid.*

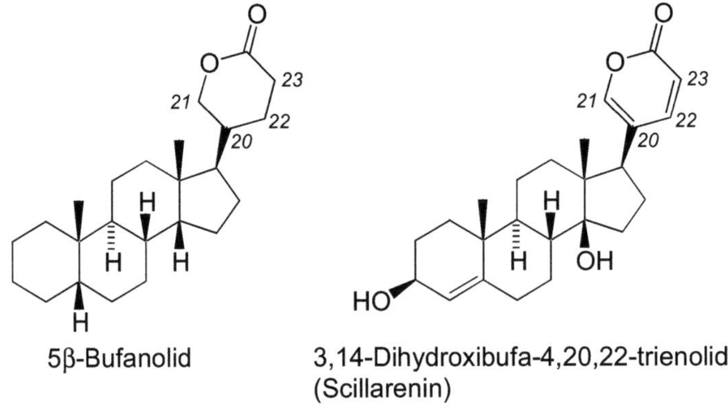

5β-Bufanolid

3,14-Dihydroxibufa-4,20,22-trienolid (Scillarenin)

5 Namn på flerfunktionella ämnen

5.1 Introduktion

I det föregående har beskrivits olika typer av alifatiska och cykliska system som kan förekomma som huvudord i rationella namn. Eftersom "Organisk-kemisk nomenklatur" lägger huvudvikten vid tolkning av kemiska namn, kommer vanligare prefix och suffix som är fogade till huvudorden att presenteras i olika tabeller, där de är ordnade i bokstavsföljd. Däremot görs ingen systematisk genomgång av de olika ämnesklassernas nomenklatur. Läsare som söker en sådan hänvisas till läroböcker i organisk kemi.

I detta kapitel redogöres för några allmänna regler vid namnkonstruktionen, som belyses med ett antal exempel. Dessutom kommenteras den något vildvuxna floran av namn på organiska syror och deras derivat.

5.2 Prefix och suffix

"Compulsory prefixes"

Vissa kemiska funktioner kan enligt IUPAC-reglerna endast namnges som prefix i substitutiv nomenklatur (*compulsory prefixes*, rule C–10.1). Till dessa funktioner hör bl.a. halogen-, nitro- och alkoxigrupper (se tabell 5–1). Många grupper kan dock anges både som prefix och suffix, och dessa är samlade i tabell 3, s. 96. När en förening innehåller funktioner som kan benämnas som suffix (tabell 2, s. 92-95), skall endast den viktigaste av dessa, *huvudfunktionen*, anges som suffix, övriga som prefix (se även s. 3). Härvid räknar man dock inte med kolvätesuffixen *-an*, *-en* och *-yn*. Funktionssuffix och kolvätesuffix kan sålunda ingå i ett och samma namn. Vad som menas med den viktigaste funktionen framgår delvis av följande ranglista: katjon har prioritet framför (i ordning) karboxylsyra, sulfonsyra, sulfinsyra; sedan funktionella derivat av syror i ordningen anhydrid, ester, hydrazid osv. Därefter följer nitril, isonitril, aldehyd, keton, alkohol, fenol, amin och eter (en mer utförlig lista finns i tabell 3, s. 96).

Huvudfunktion

Funktionernas rangordning

Tabell 5–1. Några funktionella grupper som endast kan benämnas som prefix

Grupp	Prefix	Grupp	Prefix
—F	Fluoro	—O–CH_3	Metoxi
—Cl	Kloro	—O–CH_2CH_3	Etoxi
—Br	Bromo	—O–$CH_2CH_2CH_3$	Propoxi
—I	Jodo	—O–$CH(CH_3)_2$	*i*-Propoxi
—N_3	Azido	—O–$C(CH_3)_3$	*t*-Butoxi
—NO_2	Nitro	—O–C_6H_5	Fenoxi

5.3 Konstruktion av substitutiva namn

Här kan endast ges några allmänna riktlinjer och råd. Vi belyser också namnkonstruktionen med ett antal exempel. I övrigt hänvisas till IUPAC-reglerna.

Rangordning mellan olika strukturelement

När man numrerar huvudkedjan (stammen) i en acyklisk struktur skall lägsta nummer ges åt: 1) huvudfunktionen, 2) dubbelbindningar, 3) trippelbindningar, 4) atomer eller radikaler som anges som prefix.

Beträffande rangordningen mellan dubbel- och trippelbindningar: se avsnitt 2.5.1.

För ringsystem gäller ofta särskilda regler för numrering m.m. Några av dessa regler har behandlats i kap. 3.

5.3.1 Arbetsgång vid namnkonstruktionen

1. Bestäm huvudfunktionen om möjlighet därtill finns. Huvudfunktionen skall namnges som suffix, övriga grupper tilldelas prefix. Se ranglista för funktionella grupper (tabell 3, s. 96). Den av funktionerna som har högst rang, dvs. står högst på listan, är molekylens huvudfunktion. Denna skall vara bunden till stammen.

2. Namnge stammen, dvs. huvudkolkedjan eller huvudringsystemet. Numrera stammens atomer så att huvudfunktionen får lägsta möjliga siffra.

3. Ge namn åt de funktionella grupper som skall benämnas som prefix (alla utom huvudfunktionen).

4. Sätt samman det kompletta namnet. Prefixen med tillhörande lokanter ordnas i alfabetisk följd, därefter kommer huvudordet följt av eventuellt kolvätesuffix och till sist huvudfunktionens suffix. Beträffande lokanter som syftar på suffix tillåts en något friare inplacering än den som gäller för prefixlokanterna.

5.3.2 Exempel på namnkonstruktion

Molekylerna 1 och 2 nedan illustrerar två olika kategorier av funktionella grupper i kombination med en dubbelbindning.

Molekyl 1:

Br

Huvudfunktion: saknas
Stam: propen
Prefixgrupp: bromo

Dubbelbindningen har företräde i förhållande till prefixgruppen. Stammen skall numreras så här:

1 2 3 Br

Namn: 3-bromo-1-propen

Molekyl 2:

OH

Huvudfunktion: alkohol (-ol)
Stam: propen
Prefixgrupp: saknas

Alkoholgruppen har företräde i förhållande till dubbelbindningen. Stammen skall numreras så här:

3 2 1 OH

Namn: 2-propen-1-ol

Huvudfunktion och omättnad saknas i molekyl 3. I stort sett samma regler som gäller för namn på alkaner kan tillämpas.

Molekyl 3:

Molekylen innehåller enbart prefixgrupper. Längsta möjliga kolkedja innehåller sju kolatomer. Stammen numreras så att lokanterna blir så låga som möjligt (jfr avsnitt 2.3).

Huvudfunktion: saknas
Stam: heptan
Prefixgrupper: kloro, 2-kloroetyl, metyl (två st.)

Namn: 1-kloro-4-(2-kloroetyl)-5,5-dimetylheptan

I molekyl 4 är alkoholgruppen huvudfunktion och skall därför i första hand tilldelas lägsta möjliga lokantsiffra, i detta fall siffran 1.

Utelämnad lokant

Om lokanten 1 åsyftar huvudfunktionen behöver den inte skrivas ut i namnet, såvida det inte finns risk för missförstånd. Molekyl 2 på föregående sida kan därför också benämnas 2-propenol. Andra lokanter får däremot aldrig utelämnas.

Molekyl 4:

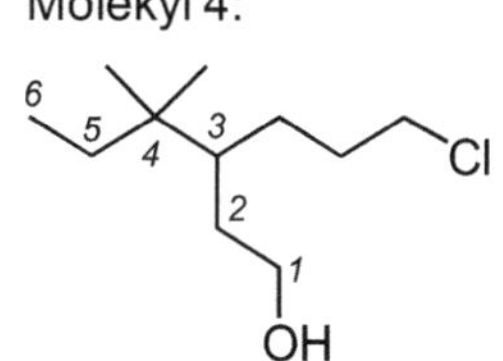

Eftersom huvudfunktionen måste vara bunden till stammen skall denna väljas så som indikeras i formeln. Detta alternativ ger också flest enkla förgreningar (jfr avsnitt 2.3, s. 10).

Huvudfunktion: alkohol (-ol)
Stam: hexan
Prefixgrupper: 3-kloropropyl, metyl (två st.)

Namn: 3-(3-kloropropyl)-4,4-dimetylhexanol
Alternativa namn: 3-(3-kloropropyl)-4,4-dimetyl-1-hexanol
eller 3-(3-kloropropyl)-4,4-dimetylhexan-1-ol

De två ketogrupperna i molekyl 5 är av samma rang och tillika huvudfunktionsgrupper. Detta markeras i namnet genom att multiplikationsprefixet *di-* fogas till funktionssuffixet *-on*. Alkoholgruppen har lägre rang och är här jämställd med alkylgruppen (1,1-dimetylpropyl) i position 4.

Molekyl 5:

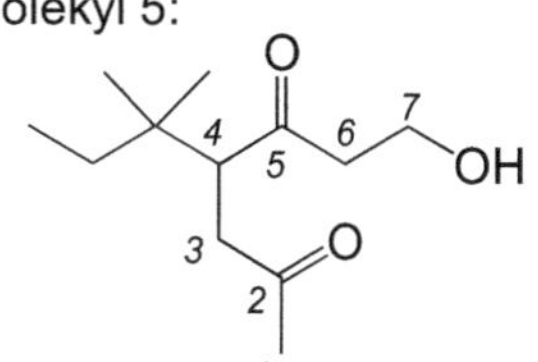

För att båda ketosyrena skall vara bundna till stammen måste denna väljas så som framgår av formeln.

Huvudfunktion: keton, två st. (-dion)
Stam: heptan
Prefixgrupper: 1,1-dimetylpropyl, hydroxi

Namn: 4-(1,1-dimetylpropyl)-7-hydroxi-2,5-heptandion
Alternativt namn: 4-(1,1-dimetylpropyl)-7-hydroxiheptan-2,5-dion

Huvudfunktionen måste vara bunden till stammen, som också skall innehålla maximalt antal omättnader. Detta illustreras i molekyl 6.

Molekyl 6:

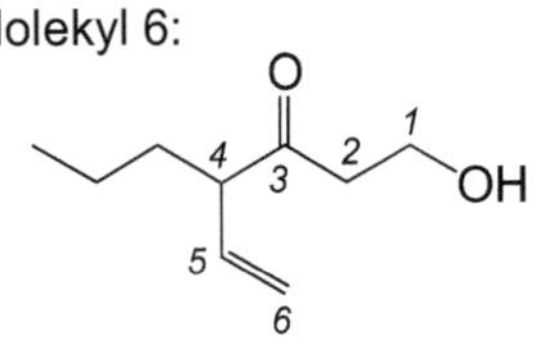

Huvudfunktion: keton (-on)
Stam: hexen
Prefixgrupper: hydroxi och propyl

Namn: 1-hydroxi-4-propyl-5-hexen-3-on

I molekyl 7 sitter de två alkoholgrupperna terminalt och får lokanterna 1 respektive 6 oberoende av från vilken ände av stammen man utgår vid besiffringen. I ett sådant fall skall huvudkedjan numreras så att närmast underordnade strukturelement får lägsta möjliga lokanter.

Molekyl 7:

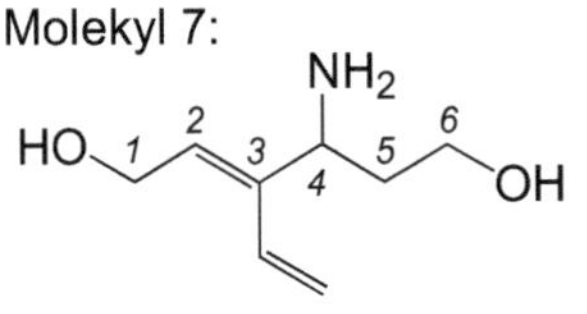

Huvudfunktion: alkohol, två st. (-diol)
Stam: hexen
Prefixgrupper: amino och etenyl (vinyl)

Namn: 4-amino-3-etenyl-2-hexen-1,6-diol
Alternativt namn: 4-amino-3-vinyl-2-hexen-1,6-diol

Endast den ena av de två dubbelbundna syreatomerna i molekyl 8 kan utses till huvudfunktion, eftersom stammen inte kan bestå av både ringstruktur och sidokedja. Som stam väljs i detta fall cyklohexan (jfr avsnitt 2.7, s. 16).

Molekyl 8:

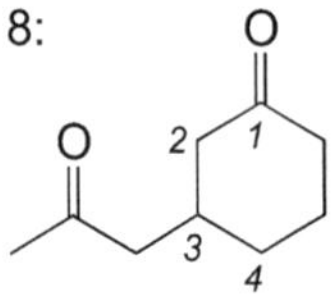

Huvudfunktion: keton (-on)
Stam: cyklohexan
Prefixgrupp: 2-oxopropyl

Namn: 3-(2-oxopropyl)cyklohexanon
Alternativa namn: 3-(2-oxopropyl)-1-cyklohexanon eller 3-(2-oxopropyl)cyklohexan-1-on

5.4 Namn på karboxylsyror och deras derivat

Funktionssuffixet -syra

En avsevärd förbistring råder vad gäller benämning av karboxylsyror och deras derivat. Karboxylsyran $CH_3CH_2CH_2COOH$ (trivialnamn: smörsyra) skall enligt IUPAC-reglerna benämnas *butansyra* eller *propankarboxylsyra*. Den förstnämnda namnformen, där funktionssuffixet är *-syra*, rekommenderas. Observera att karboxylgruppens kolatom räknas in i huvudkedjan när man använder namnet butan*syra*, men däremot inte vid tillämpning av den alternativa benämningen.

I namnformen butansyra är lokanten 1, som syftar på huvudfunktionen utelämnad; karboxylkolet i monokarboxylsyror måste ju alltid få siffran 1 då suffixet *-syra* används. Som regel gäller att lokanten 1 kan uteslutas i samband med suffix, om det inte finns risk för missförstånd. Numreringen av kolkedjan görs vid denna namnform enligt den vänstra formeln nedan.

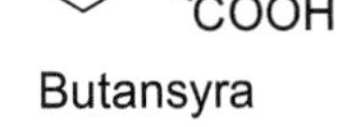

Butansyra

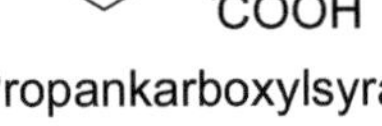

Propankarboxylsyra

Funktionssuffixet -karboxylsyra

Använder man namnformen propan*karboxylsyra*, räknas hela karboxylgruppen (–COOH) som substituent, varför karboxylkolet *inte* skall numreras. Aminosyran $H_2N–CH_2CH_2CH_2COOH$ kan alltså kallas 4-aminobutansyra eller 3-aminopropankarboxylsyra. Om man vill benämna föreningen som derivat av smörsyra kan man säga antingen 4-aminosmörsyra eller (vanligare, men inte helt i linje med modern nomenklatur) γ-aminosmörsyra (jfr avsnitten 5.4.2 och 5.6), som ofta går under namnet GABA (γ-aminobutyric acid).

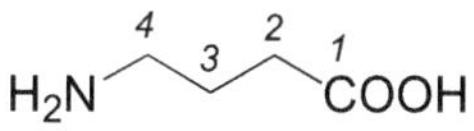

4-Aminobutansyra
(4-Aminosmörsyra)

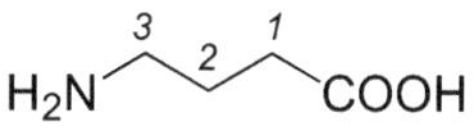

3-Aminopropankarboxylsyra

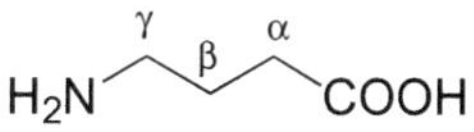

γ-Aminosmörsyra (GABA)

I namn på flervärda karboxylsyror måste alla lokanter som syftar på karboxylgrupperna skrivas ut. Här följer några exempel som belyser detta.

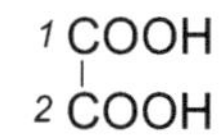

1,2-Etandisyra
Etan-1,2-disyra
(Oxalsyra)

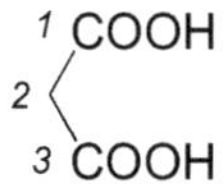

1,3-Propandisyra
Propan-1,3-disyra
(Malonsyra)

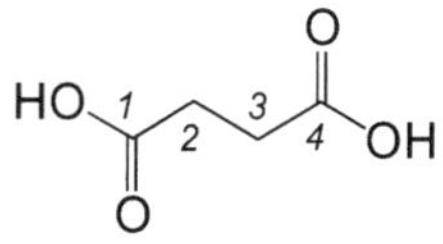

1,4-Butandisyra
Butan-1,4-disyra
(Bärnstenssyra)

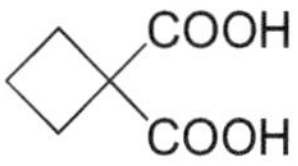

1,1-Cyklobutandikarboxylsyra
Cyklobutan-1,1-dikarboxylsyra

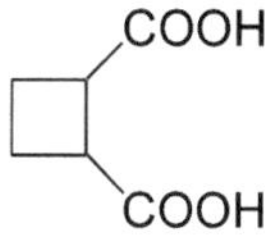

1,2-Cyklobutandikarboxylsyra
Cyklobutan-1,2-dikarboxylsyra

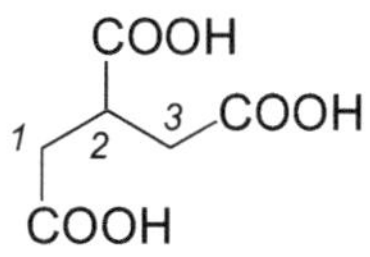

1,2,3-Propantrikarboxylsyra
Propan-1,2,3-trikarboxylsyra

Karboxylgrupper som inte är bundna till stammen benämns med prefixet *karboxi-*.

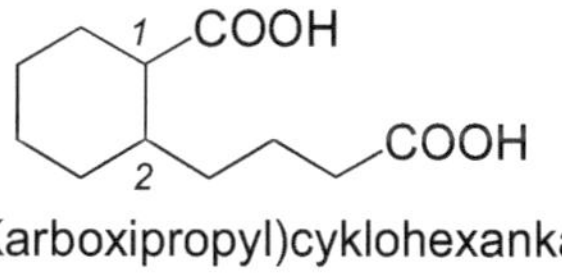

2-(3-Karboxipropyl)cyklohexankarboxylsyra

Karboxylgruppen är en av de högst rangordnade i det substitutiva nomenklatursystemet och kan därför ofta tjäna som huvudfunktion. Karboxylkolet bör, där så är möjligt, räknas in i huvudkedjan. Nedanstående exempel, bl.a. från läkemedelsområdet, får illustrera detta :

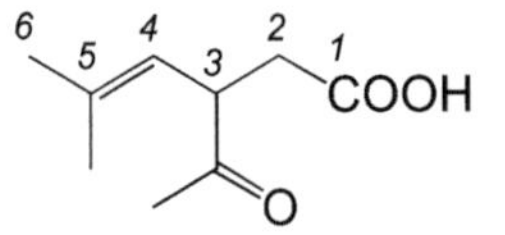

3-Acetyl-5-metyl-4-hexensyra

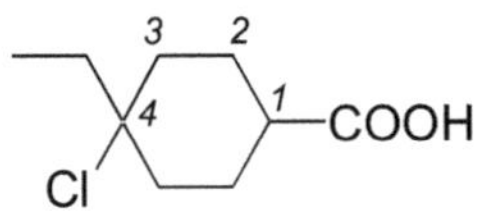

4-Etyl-4-klorocyklohexankarboxylsyra

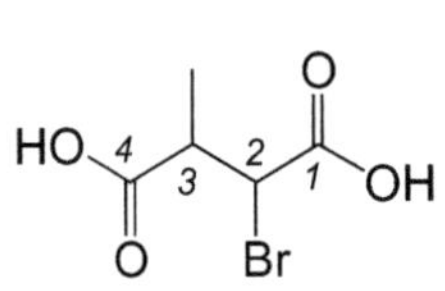

2-Bromo-3-metylbutan-1,4-disyra
2-Bromo-3-metyl-1,4-butandisyra

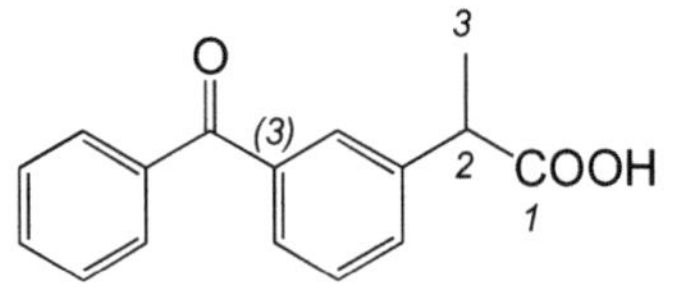

2-(3-Bensoylfenyl)propansyra
Ketoprofen (NSAID)

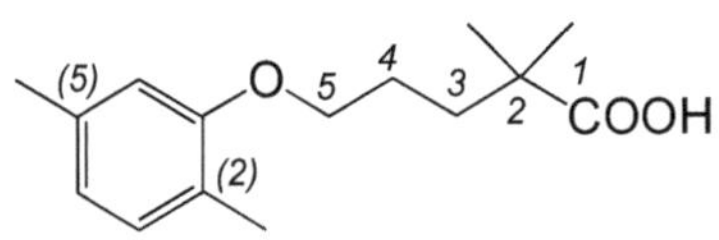

2,2-Dimetyl-5-(2,5-dimetylfenoxi)pentansyra
Gemfibrozil (lipidsänkare)

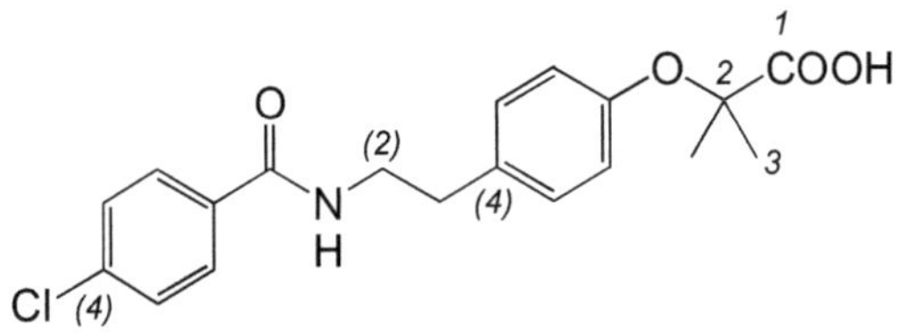

2-[4-[2-(4-Klorobensamido)etyl]fenoxi]-2-metylpropansyra
Bezafibrat (lipidsänkare)

Trivialnamn på karboxylsyror

Vad gäller mättade fettsyror tillåter IUPAC-reglerna bl.a. trivialnamnen myrsyra (metansyra), ättiksyra (etansyra), propionsyra (propansyra), smörsyra (butansyra), isosmörsyra (2-metylpropansyra), valeriansyra (pentansyra) och isovaleriansyra (3-metylbutansyra). Motsvarande acyler heter formyl, acetyl, propionyl, butyryl, isobutyryl, valeryl och isovaleryl (se tabell 5–3). Vid syror som har fler än fem kol (alltså högre än valeryl) får acylen ändelsen *-oyl*. Det heter sålunda t.ex. palmitoyl (hexadekanoyl) och stearoyl (oktadekanoyl). Detsamma gäller för de tvåprotoniga syrornas acyler: oxalyl, malonyl, succinyl och glutaryl, men adip*oyl* (hexan-1,6-dioyl) osv. (se tabell 5–4). Namn på omättade acyler ändas alltid på *-oyl*: akryloyl, krotonoyl etc. Denna ändelse används också vid rationell benämning av acyler (t.ex. propanoyl, butanoyl, pentanoyl etc.).

Tabell 5–2 på nästa sida avser att illustrera de viktigaste av de olika principerna vid benämning av karboxylsyror och därmed besläktade ämnen. Namn som står i samma kolumn är bildade enligt samma princip.

Tabell 5–2. Namn på några karboxylsyror och besläktade föreningar

Strukturformel	I	II	Trivialnamn
$CH_3CH_2CH_2COOH$	Butansyra	Propankarboxylsyra	Smörsyra
$CH_3CH_2CH_2COO^{\ominus}$	Butanoat	Propankarboxylat	Butyrat
$CH_3CH_2CH_2C(=O)OCH_3$	Metylbutanoat	Metylpropankarboxylat	Metylbutyrat (Smörsyremetylester)
$CH_3CH_2CH_2C(=O)Cl$	Butanoylklorid	Propankarbonylklorid	Butyrylklorid
$CH_3CH_2CH_2C(=O)NH_2$	Butanamid	Propankarboxamid	Butyramid
$CH_3CH_2CH_2C(=O)H$	Butanal	Propankarbaldehyd	Butyraldehyd
$CH_3CH_2CH_2CN$	Butannitril	Propankarbonitril	Butyronitril

Tabell 5–3. Acyler av några monokarboxylsyror

Grupp	Rationellt namn	Trivialnamn
$-C(=O)H$	Metanoyl	Formyl
$-C(=O)CH_3$	Etanoyl	Acetyl
$-C(=O)CH_2CH_3$	Propanoyl	Propionyl
$-C(=O)CH(CH_3)_2$	2-Metylpropanoyl	Isobutyryl
$-C(=O)CH_2CH_2CH_3$	Butanoyl	Butyryl
$-C(=O)CH_2CH(CH_3)_2$	3-Metylbutanoyl	Isovaleryl
$-C(=O)CH_2CH_2CH_2CH_3$	Pentanoyl	Valeryl
$-C(=O)C_{15}H_{31}$	Hexadekanoyl	Palmitoyl
$-C(=O)C_{17}H_{33}$	Oktadekanoyl	Stearoyl

Tabell 5–3, forts. Acyler av några monokarboxylsyror

Grupp	Rationellt namn	Trivialnamn
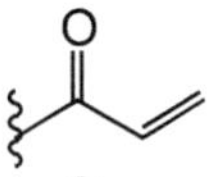	Propenoyl	Akryloyl
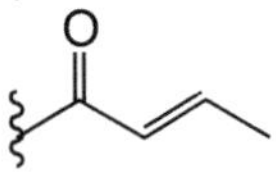	*(E)*-2-Butenoyl	Krotonoyl
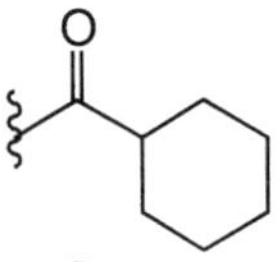	Cyklohexankarbonyl	-
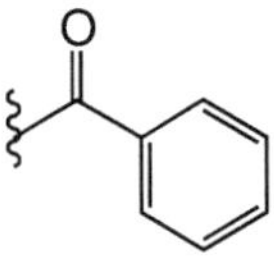	Bensenkarbonyl	Bensoyl

Tabell 5–4. Acyler av några dikarboxylsyror

Grupp	Rationellt namn	Trivialnamn
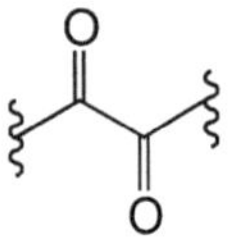	1,2-Etandioyl Etan-1,2-dioyl	Oxalyl
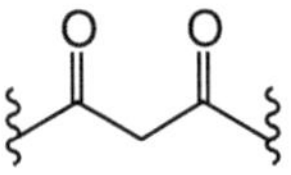	1,3-Propandioyl Propan-1,3-dioyl	Malonyl
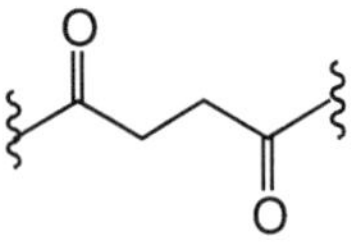	1,4-Butandioyl Butan-1,4-dioyl	Succinyl
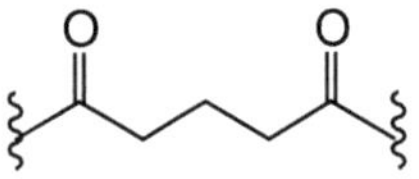	1,5-Pentandioyl Pentan-1,5-dioyl	Glutaryl
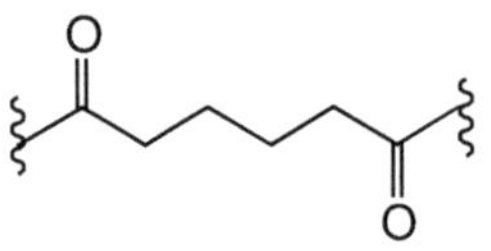	1,6-Hexandioyl Hexan-1,6-dioyl	Adipoyl

5.4.1 Esternomenklatur

En ester kan klassificeras som en kondensationsprodukt mellan en syra och en alkohol, dvs. alkohol + syra → ester + vatten. Ett esternamn inleds med namnet på alkoholens kolkedja (suffix *-yl*) följt av namnet på karboxylsyran, men suffixet *-syra* skall bytas ut mot *-oat*. Om karboxylsyrans namn slutar på suffixet *-karboxylsyra* skall detta bytas ut mot *-karboxylat*. Vi belyser med några exempel:

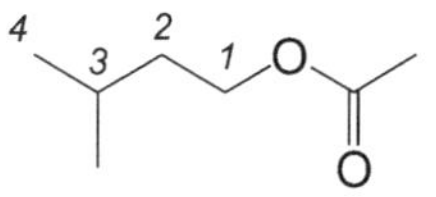

3-Metylbutyletanoat
3-Metylbutylacetat
(Ester mellan 3-metylbutanol och ättiksyra)

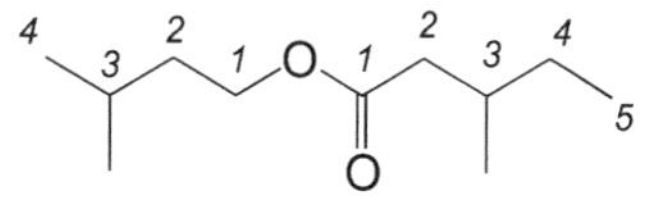

3-Metylbutyl-3-metylpentanoat
(Ester mellan 3-metylbutanol och 3-metylpentansyra)

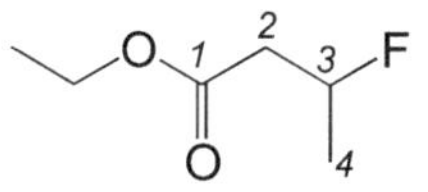

Etyl-3-fluorobutanoat
(Etylestern av 3-fluorobutansyra)

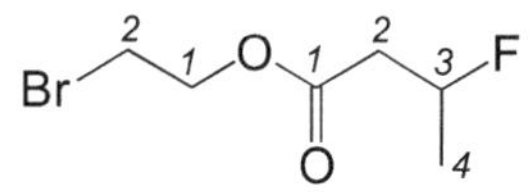

2-Bromoetyl-3-fluorobutanoat
(Ester mellan 2-bromoetanol och 3-fluorobutansyra)

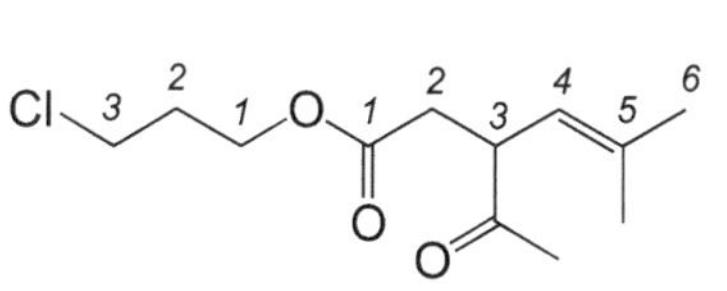

3-Kloropropyl-3-acetyl-5-metyl-4-hexenoat
(Ester mellan 3-kloropropanol och 3-acetyl-5-metyl-4-hexensyra)

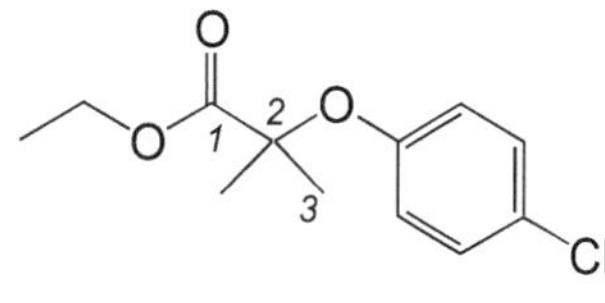

Etyl-2-(4-klorofenoxi)-2-metylpropanoat
Klofibrat (lipidsänkare)

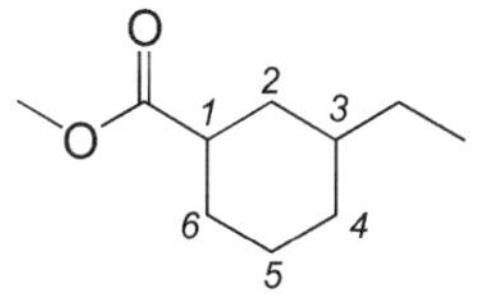

Metyl-3-etylcyklohexankarboxylat
(Metylestern av 3-etylcyklohexankarboxylsyra)

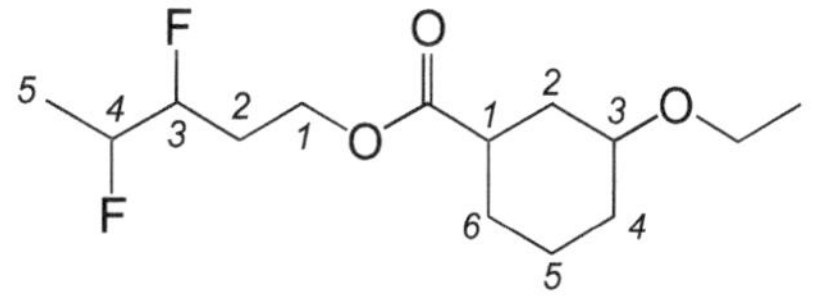

3,4-Difluoropentyl-3-etoxicyklohexankarboxylat
(Ester mellan 3,4-difluoropentanol och 3-etoxicyklohexankarboxylsyra)

En alternativ namnform, som används särskilt vid namngivning av flervärda syrors estrar, inleds med syrans namn följt av namnet på alkoholradikalen och avslutas med suffixet *-ester*. Etyletanoat (etylacetat) kan sålunda kallas *etansyreetylester* (*ättiksyreetylester*). Nedan följer några exempel på användning av den aktuella namnformen:

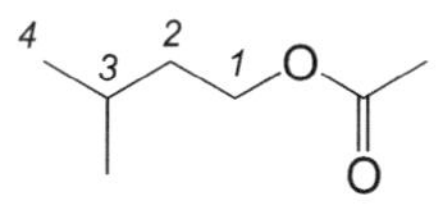

Etansyre-3-metylbutylester
3-Metylbutyletanoat
3-Metylbutylacetat
(Ester mellan 3-metylbutanol och ättiksyra)

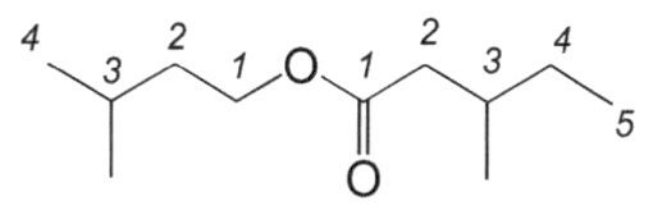

3-Metylpentansyre-3-metylbutylester
3-Metylbutyl-3-metylpentanoat
(Ester mellan 3-metylbutanol och 3-metylpentansyra)

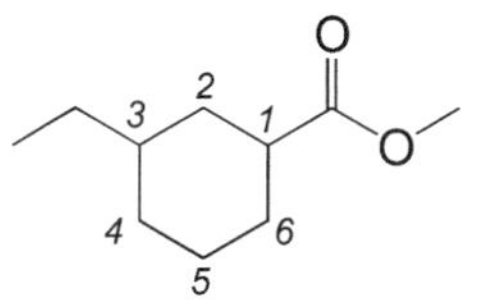

3-Etylcyklohexankarboxylsyremetylester
Metyl-3-etylcyklohexankarboxylat
(Metylestern av 3-etylcyklohexankarboxylsyra)

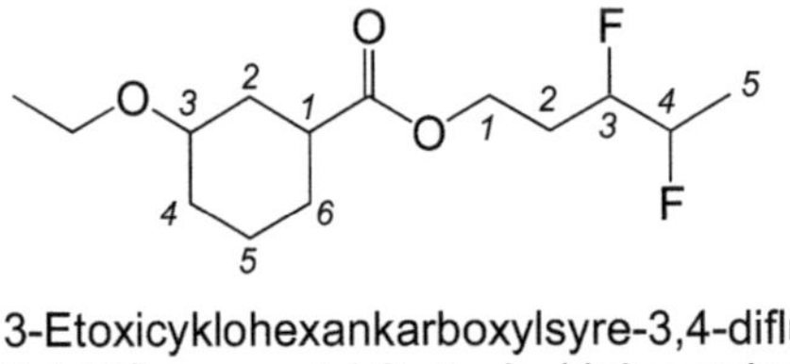

3-Etoxicyklohexankarboxylsyre-3,4-difluoropentylester
3,4-Difluoropentyl-3-etoxicyklohexankarboxylat
(Ester mellan 3,4-difluoropentanol och 3-etoxicyklohexankarboxylsyra)

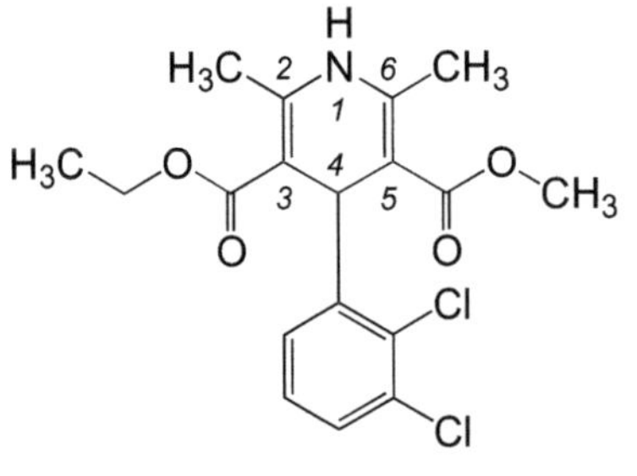

1,4-Dihydro-4-(2,3-diklorofenyl)-2,6-dimetyl-3,5-pyridindikarboxylsyre-3-etyl-5-metylester
3-Etyl-5-metyl-1,4-dihydro-4-(2,3-diklorofenyl)-2,6-dimetyl-3,5-pyridindikarboxylat
Felodipin, (kalciumflödeshämmare)

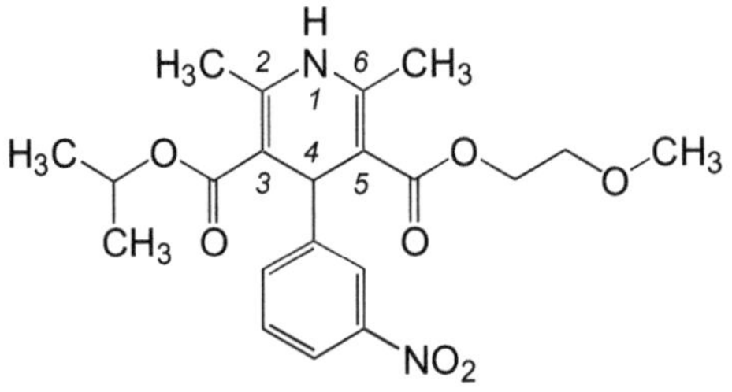

1,4-Dihydro-2,6-dimetyl-4-(*m*-nitrofenyl)-3,5-pyridindikarboxylsyre-3-isopropyl-5-(2-metoxietyl)ester
3-Isopropyl-5-(2-metoxietyl)-1,4-dihydro-2,6-dimetyl-4-(*m*-nitrofenyl)-3,5-pyridindikarboxylat
Nimodipin, (kalciumflödeshämmare)

IUPAC-reglerna ger mycket knapphändig vägledning vad gäller namngivning av flervärda karboxylsyrors estrar. Trivialnamn accepteras i stor utsträckning. Nedanstående exempel får belysa detta.

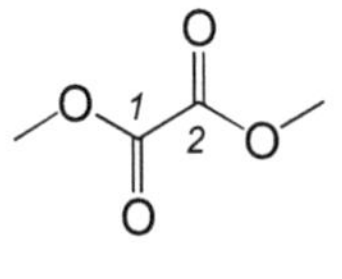

Dimetyloxalat
1,2-Dimetyl-1,2-etandioat

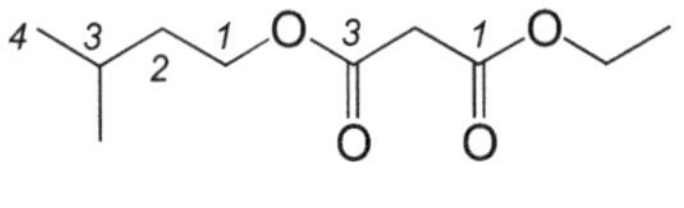

Etylisoamylmalonat
1-Etyl-3-(3-metylbutyl)-1,3-propandioat

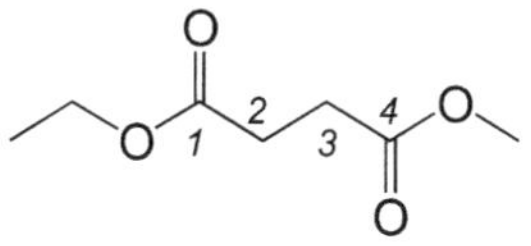

Etylmetylsuccinat
1-Etyl-4-metyl-1,4-butandioat

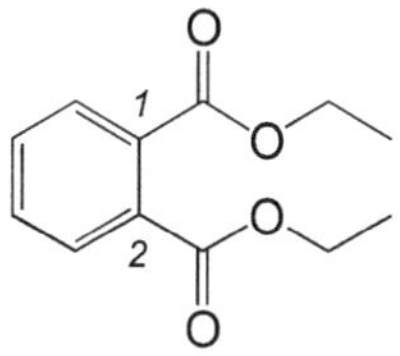

Dietylftalat
1,2-Dietyl-1,2-bensendikarboxylat

5.4.2 Aminosyrenomenklatur

Essentiella aminosyror

Aminosyrorna spelar självklart en viktig roll i biologin som byggstenar i peptider och proteiner, men också inom läkemedelskemi, i synnerhet i samband med läkemedelsmolekylers receptorbindning. Rationell namngivning används föga inom aminosyrenomenklaturen. Trivialnamn, inte minst i förkortad form, har här av tradition en stark ställning. I de flesta fall används grekiska bokstäver för att ange aminogruppens position på kolskelettet (jfr avsnitt 5.6). En α-aminosyra är alltså detsamma som en 2-aminosyra, och i en β-aminosyra sitter aminogruppen i 3-position osv.. Vad gäller aminosyrornas stereokeminomenklatur är Emil Fischers D,L-system (se kap. 8) praktiskt taget allenarådande. *Essentiella aminosyror* kallas sådana som vår kropp inte själv kan syntetisera, utan som måste tillföras via kosten.

Den enklaste kroppsegna aminosyran kallas *glycin* (förkortning Gly eller G) och är akiral. Dess rationella namn är 2-aminoetansyra.

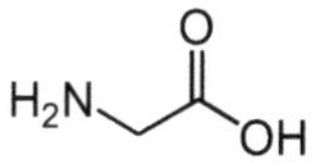

Glycin, aminoättiksyra,
2-aminoetansyra

Nedan följer en översikt över de nitton resterande aminosyrorna, alla kirala, som utgör byggstenarna i våra kroppsegna proteiner (Fischer-projektion och kolskelettformel).

	Fischer-projektion	**Kolskelettformel**
L-Alanin, (*S*)-2-aminopropansyra Förkortning: Ala eller A	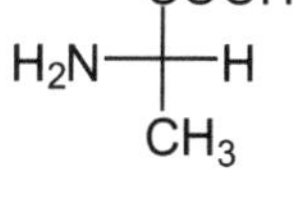	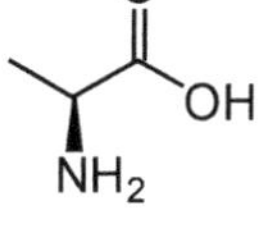
L-Arginin, (*S*)-2-amino-5-guanidino-pentansyra. Förkortning: Arg eller R Essentiell	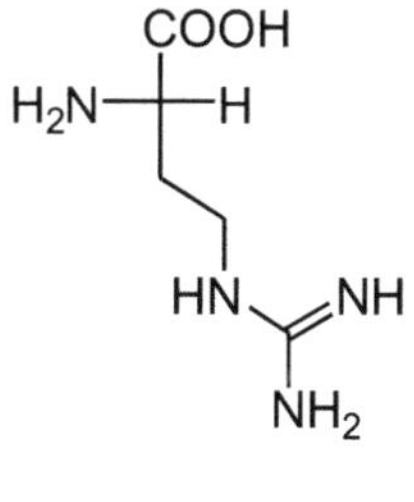	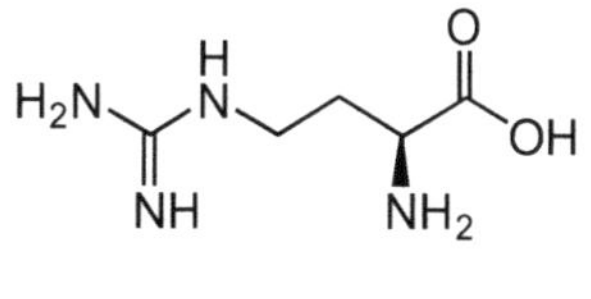

	Fischer-projektion	Kolskelettformel
L-Asparagin, (*S*)-2-amino-3-karbamoyl-propansyra. Förkortning: Asn eller N	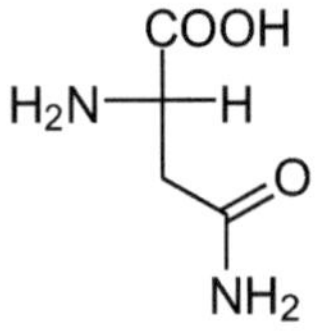	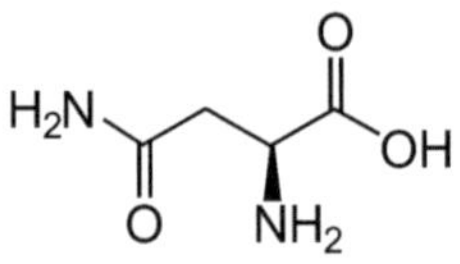
L-Asparaginsyra, (*S*)-2-aminobutandisyra. Förkortning: Asp eller D	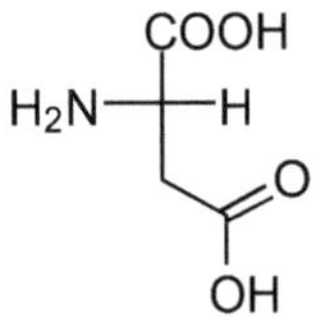	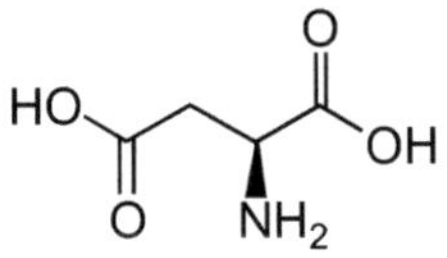
L-Cystein, (*R*)-2-amino-3-merkapto-propansyra. Förkortning: Cys eller C	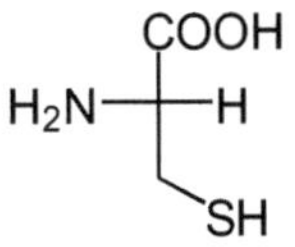	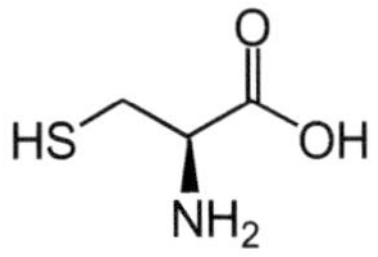
L-Fenylalanin, (*S*)-2-amino-3-fenyl-propansyra. Förkortning: Phe eller F Essentiell	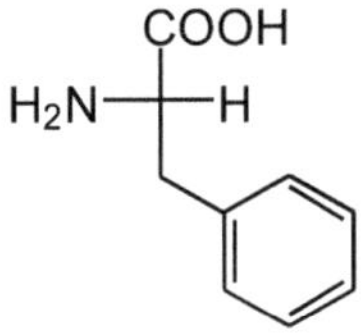	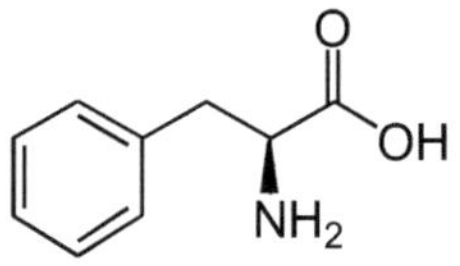
L-Glutamin, (*S*)-2-amino-4-karbamoyl-butansyra. Förkortning: Gln eller Q	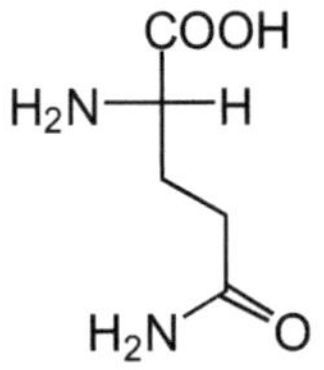	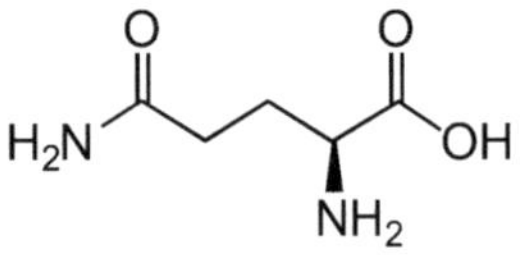
L-Glutaminsyra, (*S*)-2-aminopentan-disyra. Förkortning: Glu eller E	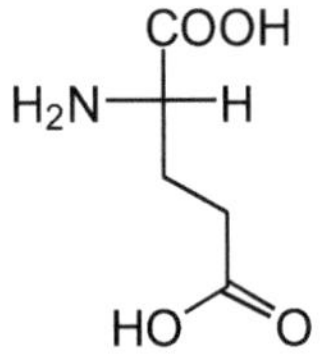	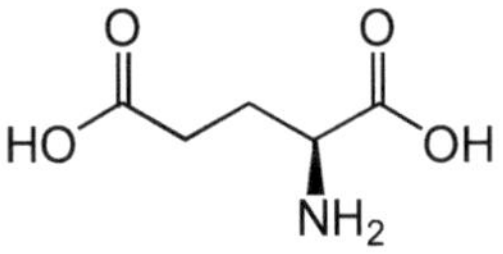
L-Histidin, (*S*)-2-amino-3-(1*H*-imidazol-4-yl)-propansyra. Förkortning: His eller H Essentiell	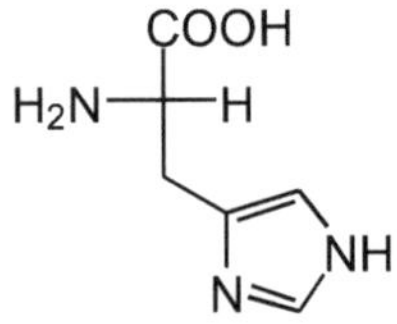	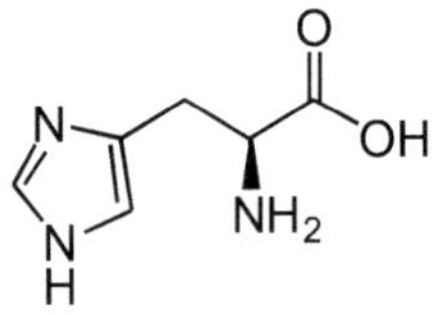
L-Isoleucin, (2*S*,3*S*)-2-amino-3-metyl-pentansyra. Förkortning: Ile eller I Essentiell		

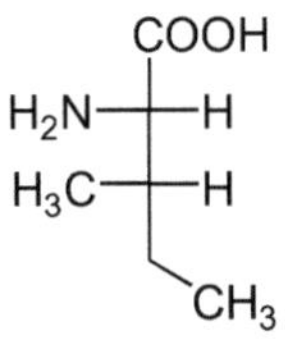

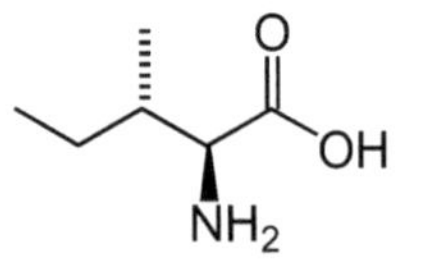

	Fischer-projektion	Kolskelettformel
L-Leucin, (*S*)-2-amino-4-metyl-pentansyra. Förkortning: Leu eller L Essentiell	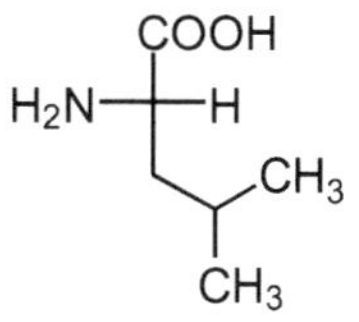	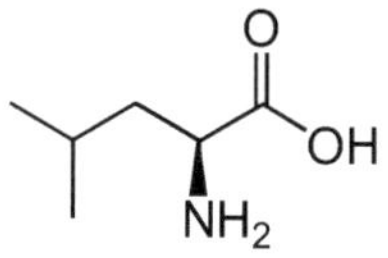
L-Lysin, (*S*)-2,6-diaminohexansyra. Förkortning: Lys eller K Essentiell	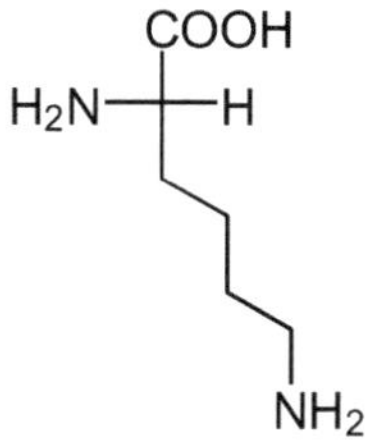	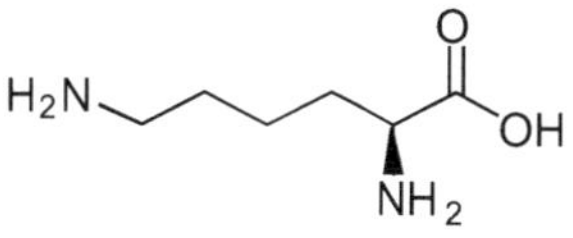
L-Metionin, (*S*)-2-amino-4-(metyltio)-butansyra. Förkortning: Met eller M Essentiell	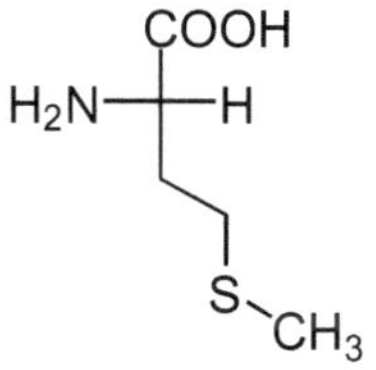	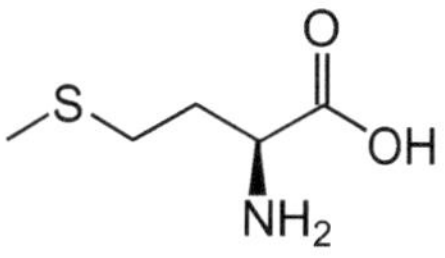
L-Prolin, (*S*)-pyrrolidin-2-karboxylsyra. Förkortning: Pro eller P	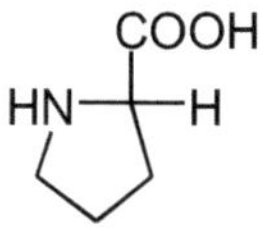	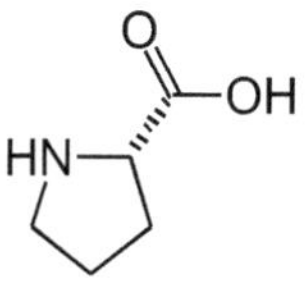
L-Serin, (*S*)-2-amino-3-hydroxi-propansyra. Förkortning: Ser eller S	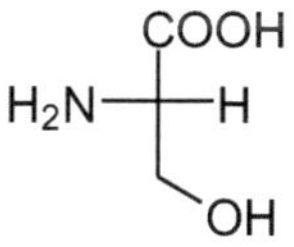	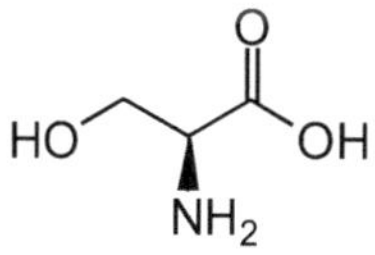
L-Treonin, (2*S*,3*R*)-2-amino-3-hydroxi-butansyra. Förkortning: Thr eller T Essentiell	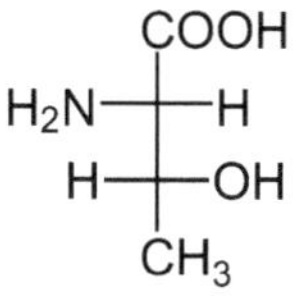	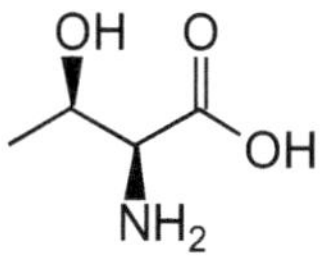
L-Tryptofan, (*S*)-2-amino-3-(1H-indol-3-yl)-propansyra. Förkortning: Trp eller W Essentiell	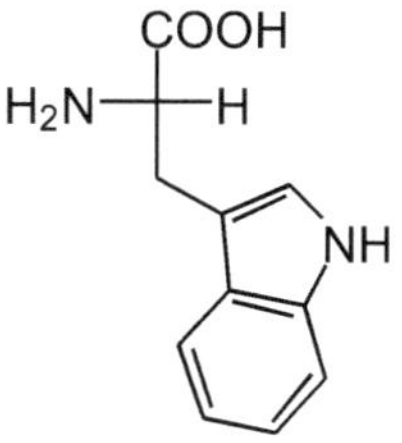	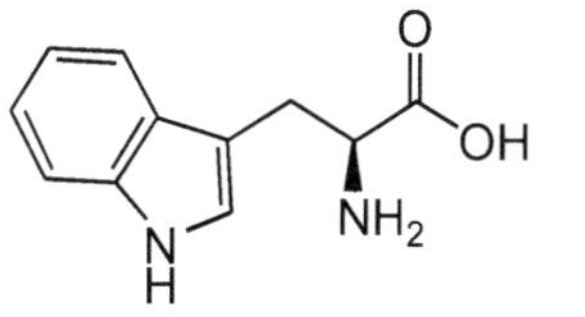
L-Tyrosin, (*S*)-2-amino-3-(4-hydroxifenyl)-propansyra. Förkortning: Tyr eller Y	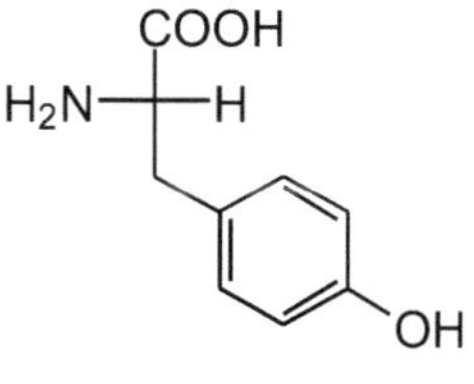	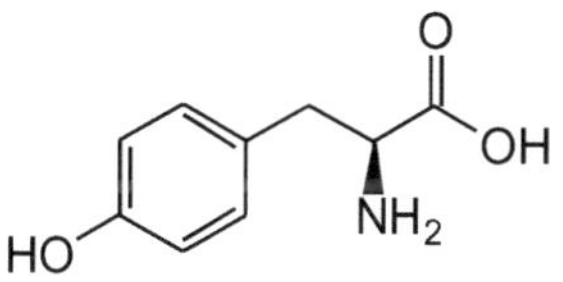

	Fischer-projektion	Kolskelettformel
L-Valin, (*S*)-2-amino-3-metylbutansyra Förkortning: Val eller V Essentiell		

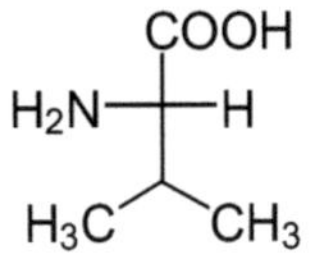

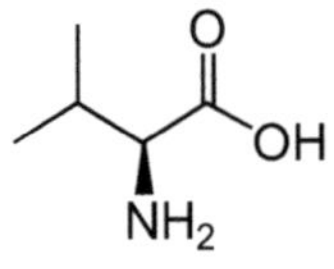

En *peptid* består av aminosyrerester sammanbundna via amidbindningar, som i detta sammanhang brukar kallas *peptidbindningar*. Amider kan i likhet med estrar betraktas som kondensationsprodukter, i detta fall mellan syra och amin (för namn- och strukturexempel se tabell 5-2, s. 49 och avsnitt 5.7, s. 58).

Multiplikationsprefixen (se s. 12) *di*, *tri*, *tetra* osv. används för att ange antalet aminosyrerester i peptiden. Ingående aminosyror brukar anges i sin förkortade form, t.ex. Ala-Gly-Val (alanyl-glycyl-valin). Aminosyreresten längst till vänster i formeln kallas *N-terminal*, och den längst till höger *C-terminal*. Nedan visas också kolskelettformeln för den aktuella tripeptiden.

N-terminal *C*-terminal
Ala-Gly-Val

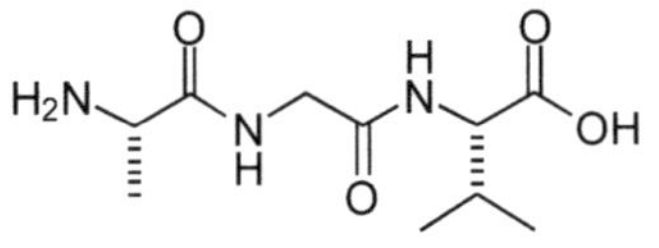

5.5 Aminnomenklatur

Aminogruppen har låg rang i nomenklatursammanhang och omnämnes mestadels som prefix i substitutiva namn. Primära monoaminer, RNH_2, namnges genom att suffixet *-amin* fogas till 1) namnet på radikalen R eller till 2) namnet på stamföreningen RH. Beträffande radikalnamn: se avsnitten 2.2.1 och 2.3.1. De två namnformerna belyses med exempel nedan och på nästa sida. För närmare detaljer hänvisas till IUPAC-reglerna, sektion C–8.

Namnform 1	**Namnform 2**
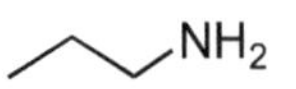 Propylamin	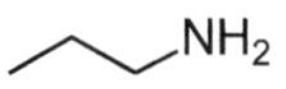 Propanamin
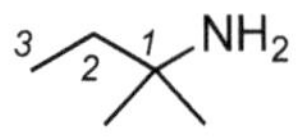 1,1-Dimetylpropylamin	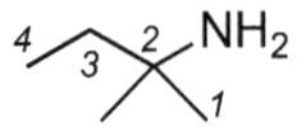 2-Metylbutan-2-amin
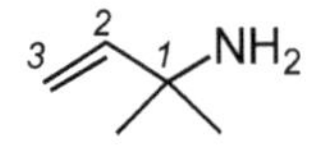 1,1-Dimetyl-2-propenylamin	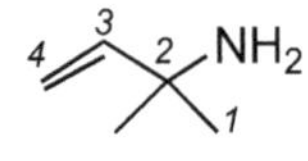 2-Metyl-3-buten-2-amir
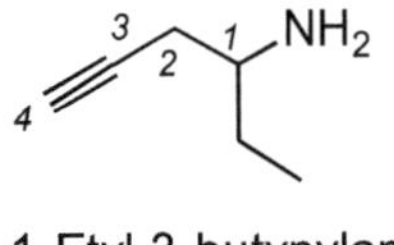 1-Etyl-3-butynylamin	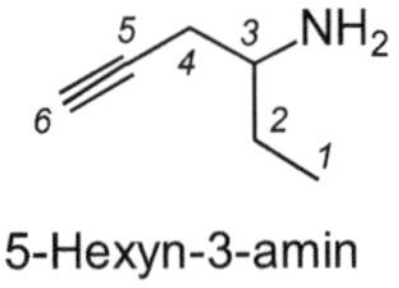 5-Hexyn-3-amin

Namnform 1	**Namnform 2**
Cyklopentylamin	Cyklopentanamin
5-Etyl-2-cyklopentenylamin	5-Etyl-2-cyklopentenamin

5.6 Grekiska bokstäver som lokanter

Grekiska bokstäver används fortfarande som lokanter i samband med syror och i vissa andra fall. Här skall endast nämnas ett par exempel: positionsangivelse i naftalenkärnan (α och β), i pyridinringen samt i många fall då man vill ange en grupps läge i förhållande till en annan (β-fenetylalkohol). Ibland används också lilla omega (ω) för att beteckna att en viss grupp sitter längst ut i en kedja (t.ex. ω-kloroacetofenon). Bokstäverna α och β används också för att ange vissa stereokemiska förhållanden, t.ex. i steroider och kolhydrater.

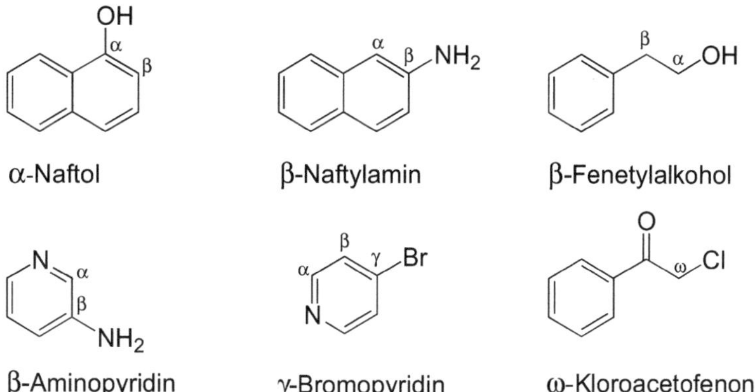

α-Naftol β-Naftylamin β-Fenetylalkohol

β-Aminopyridin γ-Bromopyridin ω-Kloroacetofenon

5.7 Substituenter på heteroatomer

De kemiska tecknen *N*-, *O*- och *S*- används i en del fall som ett slags lokanter för att ange att en viss grupp är bunden direkt till respektive kväve, syre eller svavel. De skall i tryckt text kursiveras. *N*- får inte förväxlas med n-, som betyder normal (n- skall helst inte användas i IUPAC-nomenklatur), och som aldrig får skrivas med stor bokstav.

Några exempel visas på nästa sida:

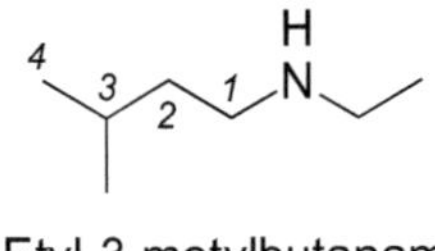

N-Etyl-3-metylbutanamin

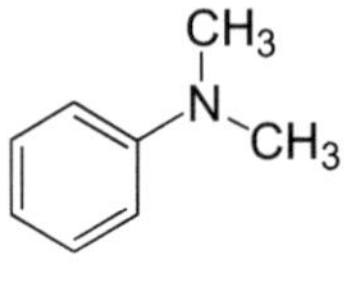

N,*N*-Dimetylanilin

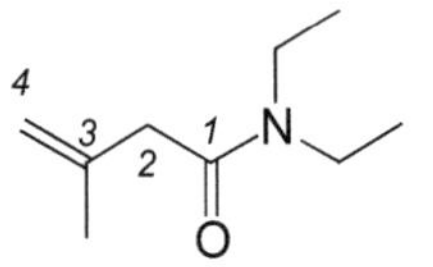

N,*N*-Dietyl-3-metyl-3-butenamid

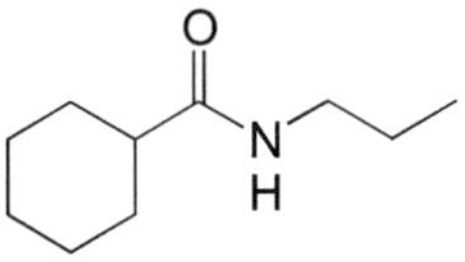

N-Propylcyklohexankarboxamid

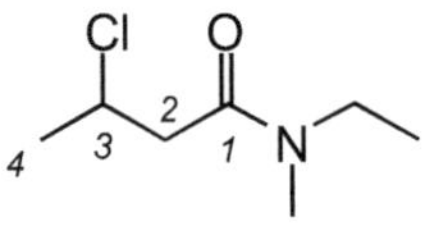

N-Etyl-3-kloro-*N*-metylbutanamid

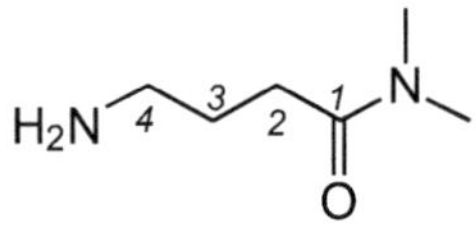

4-Amino-*N*,*N*-dimetylbutanamid

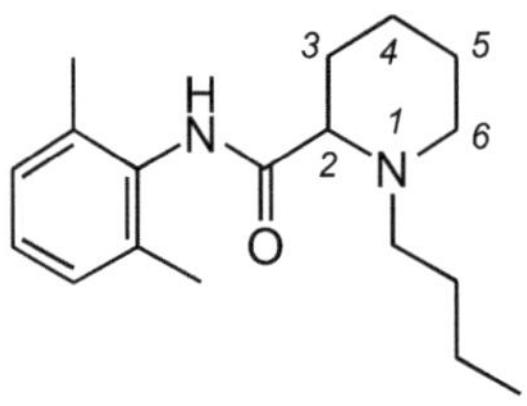

1-Butyl-*N*-(2,6-dimetylfenyl)-2-piperidinkarboxamid
Bupivakain (lokalanestetikum)

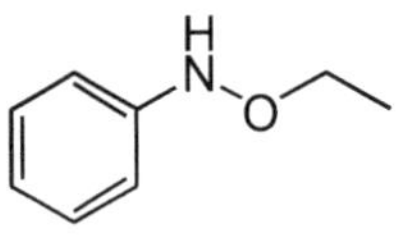

O-Etyl-*N*-fenylhydroxylamin

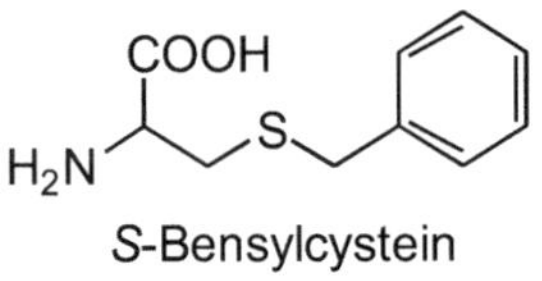

S-Bensylcystein

I bupivakain (se ovan) är piperidin stamstruktur. Stammens kol- och heteroatomer skall alltid åsättas sifferlokanter. Lokanten *N*- syftar här således på karboxamidgruppens kväveatom.

6 Kolhydrater och glykosider

6.1 Introduktion

Kolhydrater och kolhydratderivat spelar en framträdande roll i biokemiska och naturproduktkemiska sammanhang. På det läkemedelskemiska området intar kolhydraterna en mer undanskymd position. Dock ingår kolhydratkomponenter i sådana terapeutiskt värdefulla läkemedelsgrupper som blodplasmasubstitut, aminoglykosider och antivirala medel av nukleosidtyp.

Kolhydratnomenklaturen har gamla anor. Under tidigt 1800-tal användes vanligtvis trivialnamn, t.ex. druvsocker (eng. grape sugar, ty. Traubenzucker) och rörsocker (eng. cane sugar, ty. Rohrzucker). Under senare delen av 1800-talet framträdde behovet av ett strukturbaserat namnsystem för kolhydrater allt klarare. Här gjorde bland andra Emil Fischer betydelsefulla och bestående insatser. Fischers D,L-system för benämning av stereoisomerer används ju fortfarande, särskilt i namn på aminosyror och kolhydrater (se kap. 5 och 8).

Det av IUPAC ledda arbetet med kolhydratnomenklaturen har avkastat en omfattande regelsamling, som nu börjar få sin slutgiltiga form (se också stycket 1.4, s. 7). "Nomenclature of Carbohydrates", daterad juni 1993, omfattar drygt 95 textsidor inklusive innehållsförteckning och bilagor.

Man har funnit det mest ändamålsenligt att integrera trivialnamn som glukos, fruktos, ribos och erytros i kolhydratnomenklaturen. Här kan endast ges några få exempel, som anknyter till grunderna för nomenklaturen. Läsare som söker mera detaljerade regler för hur kolhydratnamn skall utformas, hänvisas till IUPAC:s "Nomenclature of Carbohydrates".

6.2 Monosackarider

Ringstorlek
Furanos
Pyranos

Ringstorleken i sockerarternas heterocykliska form anges genom att slutbokstaven "s" i sockrets namn utbytes mot *furanos* för en femring och *pyranos* för en sexring. På motsvarande sätt namnges glykosider, t.ex. metyl-α-D-glukopyranosid. –Nedan följer några exempel på monosackarider:

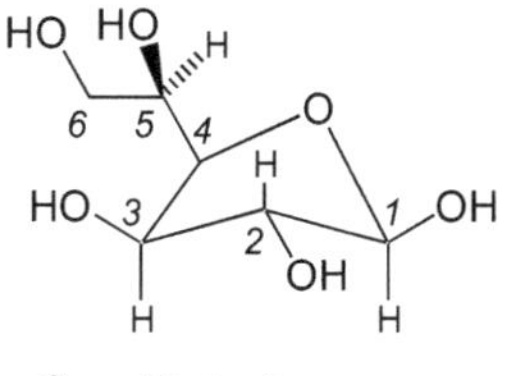

β-D-Glukofuranos

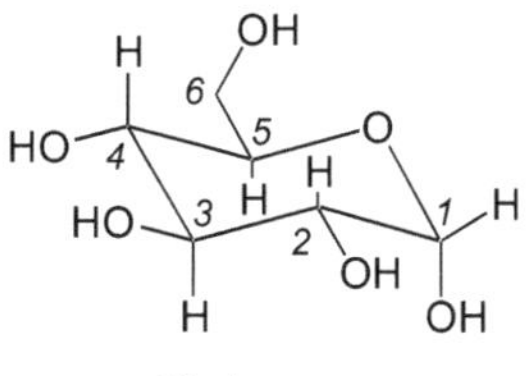

α-D-Glukopyranos

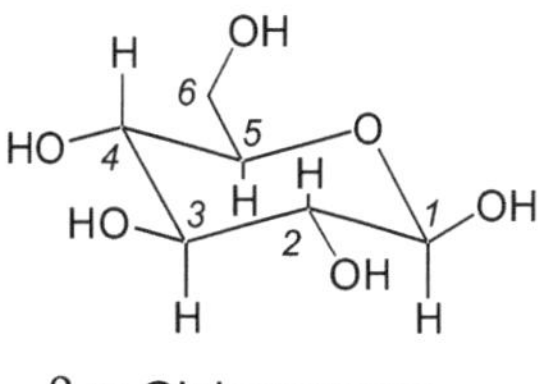

β-D-Glukopyranos

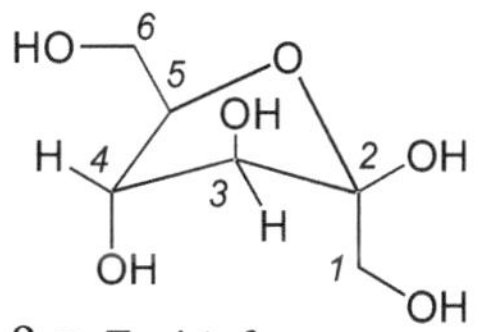

β-D-Fruktofuranos

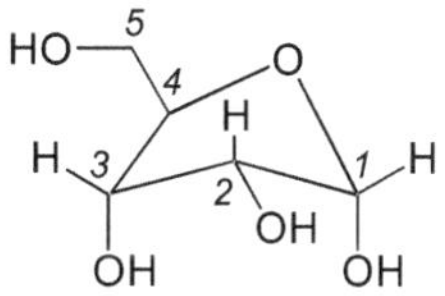

α-D-Ribofuranos

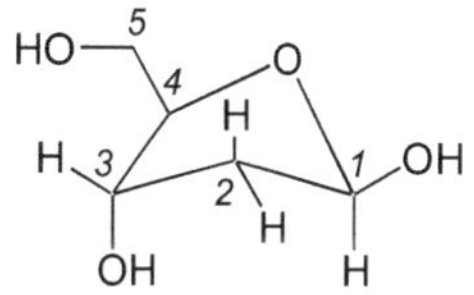

2-Deoxi-β-D-ribofuranos

När en monosackarid uppträder som substituent, läggs suffixet *-yl* till namnet:

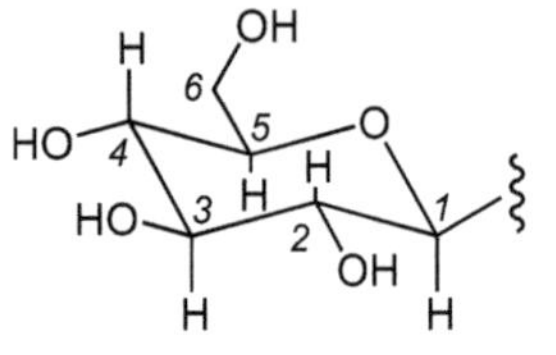

β-D-Glukopyranosyl

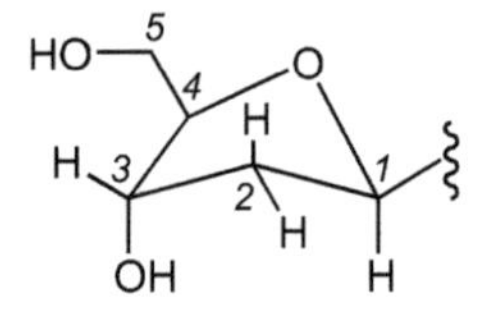

2-Deoxi-β-D-ribofuranosyl

Deoxi

Vid substitution som innebär att en eller flera hydroxylgrupper har utbytts anges substituenterna som vanligt med prefix. För att markera att de aktuella OH-grupperna saknas använder man det subtraktiva prefixet *deoxi* (se avsnitt 1.3.3), när så behövs föregånget av ett multiplikationsprefix.

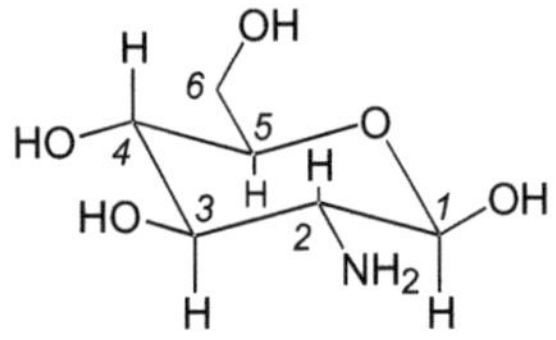

2-Amino-2-deoxi-β-D-glukopyranos (β-D-Glukosamin)

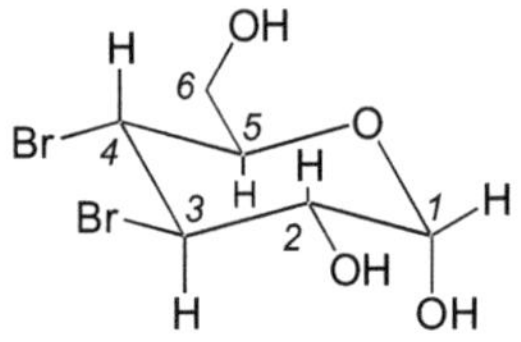

3,4-Dibromo-3,4-dideoxi-α-D-glukopyranos

Ett prefix som syftar på en substituent vilken ersätter en väteatom i en hydroxylgrupp, halvacetalens hydroxyl vanligtvis undantagen, skall föregås av lokanten *O* (se avsnitt 5.7).

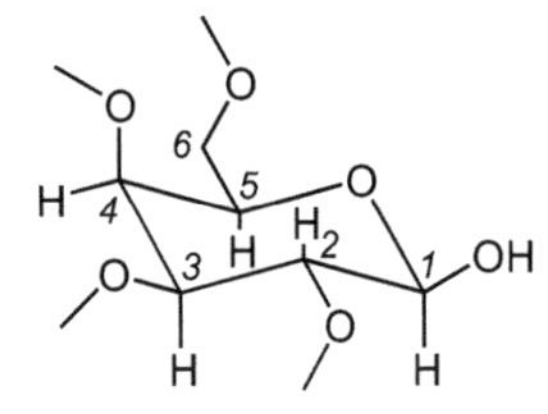

Isopropyliden:

2,3,4,6-Tetra-*O*-metyl-β-D-galaktopyranos

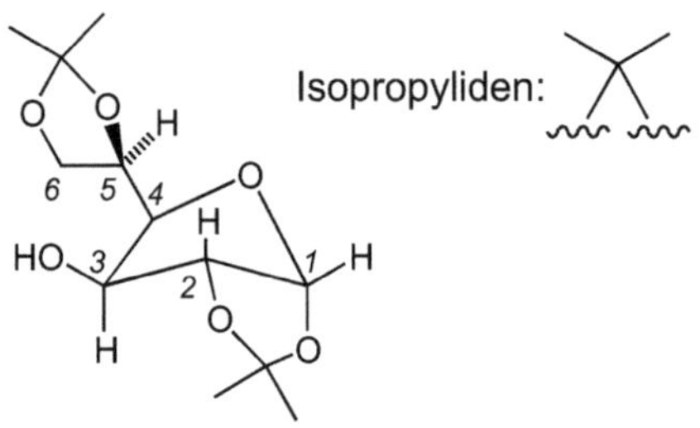

1,2:5,6-Di-*O*-isopropyliden-α-D-glukofuranos

Exempel på glykosider:

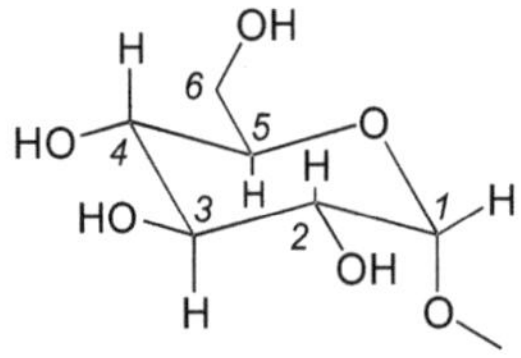

Metyl-α-D-glukopyranosid

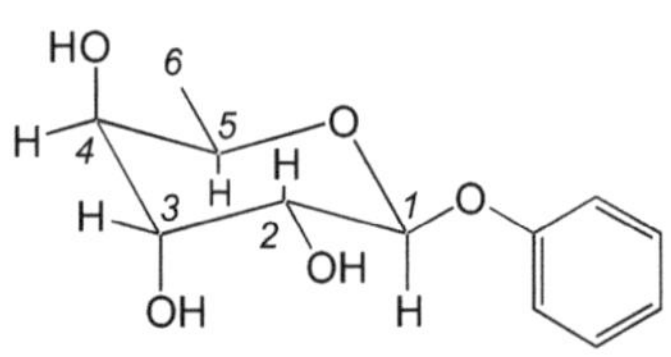

Bensyl-6-deoxi-β-D-gulopyranosid

6.3 Di- och trisackarider

Glykosid
Glukosid

Många di- och trisackarider har väl inarbetade trivialnamn. Rationellt benämns de som *glykosider* (glykosid är det generiska namnet, en *glukosid* skall innehålla just glukos).

Det rationella namnet för sackaros (trivialnamn: rörsocker) är β-D-fruktofuranosyl-α-D-glukopyranosid. Monosackaridenheterna inplaceras i bokstavsordning.

α-D-Glukosrest · α-bindning · β-bindning · β-D-Fruktosrest

β-D-Fruktofuranosyl-α-D-glukopyranosid (sackaros, rörsocker)

Reducerande disackarider

Vid reducerande disackarider skall man helst använda teckenkombinationen siffra-pil-siffra för att ange positionen av de atomer som ingår i glykosidbindningen. Som exempel kan här nämnas disackariden α-laktos: β-D-galaktopyranosyl-(1→4)-α-D-glukopyranos. Chemical Abstracts Service föredrar dock namnformen 4-*O*-β-D-galaktopyranosyl-α-D-glukopyranos.

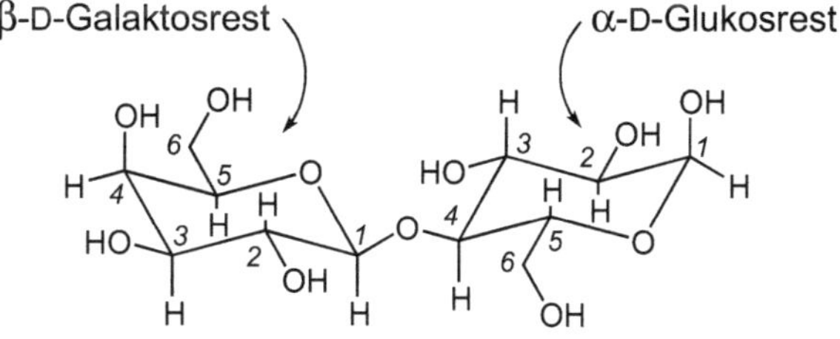

β-D-Galaktopyranosyl-(1→4)-α-D-glukopyranos
4-*O*-β-D-Galaktopyranosyl-α-D-glukopyranos
(α-Laktos)

IUPAC föreskriver uteslutande användning av siffra-pil-siffra från och med trisackarider och högre. Vi belyser med två exempel, *cellotrios* och *raffinos*. I den reducerande trisackariden cellotrios ingår enbart glukosenheter:

β-D-Glukopyranosyl-(1→4)-α-D-glukopyranosyl-(1→4)-D-glukopyranos
(Cellotrios)

Raffinos är en icke-reducerande trisackarid uppbyggd av fruktos, galaktos och glukos.

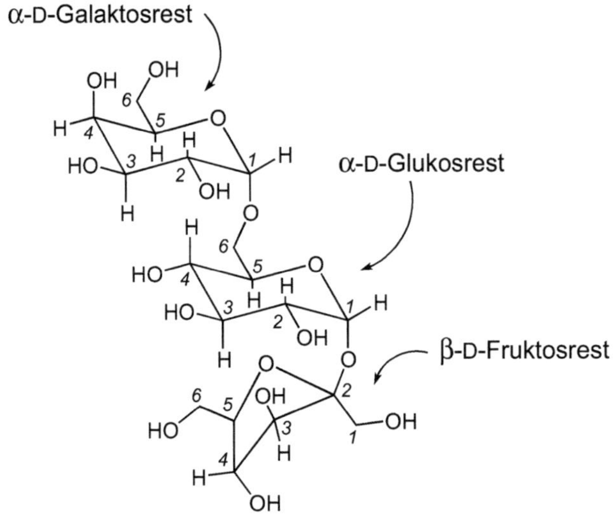

β-D-Fruktofuranosyl-α-D-galaktopyranosyl-(1→6)-α-D-glukopyranosid (Raffinos)

7 Isotopiskt modifierade föreningar

7.1 Introduktion

Isotopiskt modifierade organiska föreningar intar en sedan länge väletablerad position som kraftfulla redskap i renodlat kemiska tillämpningar, t.ex. utredning av reaktionsmekanismer. När det gäller läkemedel och andra biologiskt aktiva föreningar finns helt naturligt åtskilliga områden inom vilka isotopisk modifiering används, bl.a. studier av läkemedelsmetabolism, farmakokinetik och receptorbindning.

I en isotopiskt modifierad förening har åtminstone ett av de ingående grundämnena en isotopsammansättning som mätbart avviker från den av naturen givna. Isotopiskt modifierade ämnen klassificeras antingen som *isotopsubstituerade* eller som *isotopmärkta*. Isotopmärkta ämnen indelas i sin tur i undergrupperna *specifikt märkta*, *selektivt märkta*, *oselektivt märkta* och *isotopfattiga*.

Vi kan här endast behandla en del av grunderna för benämning av isotopiskt modifierade föreningar. Läsare som behöver mer detaljerad information i ämnet hänvisas till sektion H i IUPAC:s *Nomenclature of Organic Chemistry*.

7.2 Isotopsubstituerade föreningar

I en isotopsubstituerad förening innehåller praktiskt taget alla molekylerna enbart den angivna nukliden i den/de markerade positionerna. I övrigt är isotopsammansättningen den naturliga.

Tabell 7–1. Exempel på isotopsubstituerade föreningar

Formel	Namn
$^{13}CH_4$	(^{13}C)Metan
$^{12}CH_3$-OH	(^{12}C)Metanol
CH_3-CH^2H-OH	(1-$^2H_1$)Etanol
CH^2H_2-CH_2-OH	(2,2-$^2H_2$)Etanol
CH^2H_2-CH^2H-OH	(1,2,2-$^2H_3$)Etanol
$CH_2{}^3H$–$CH_2{}^{18}OH$	(2-$^3H_1$)Etan(^{18}O)ol
H_2N–$^{14}CH_2$···(cyklohexan)–COOH	*trans*-4-(Amino(^{14}C)metyl)cyklohexankarboxylsyra

Formeln skrivs på vanligt sätt, men i varje substituerad position insätts symbolen för den nuklid som finns just där. När olika isotoper av samma element finns i samma position skall de skrivas efter stigande masstal, t.ex. CH^2H_2-CH_2-OH (metylgruppen innehåller här två deuteriumatomer) och CH^2-H_2-CH^2H-OH.

I det rationella namnet skall nuklidsymbolen/-symbolerna omslutas av parenteser och sättas in i namnet strax före den namndel som syftar på den isotopsubstituerade positionen. Nödvändiga lokanter sätts in omedelbart före respektive nuklidsymbol på det sätt som visas i tabell 7–1. Nuklidsymboler med tillhörande lokanter får även ställas först i namnet.

7.3 Isotopmärkta föreningar

En isotopmärkt förening är formellt sett en blandning av en viss substans med naturlig isotopsammansättning (isotopiskt icke-modifierad) och en eller flera isotopsubstituerade motsvarigheter till denna. Den isotopiskt icke-modifierade föreningen är det helt dominerande molekylslaget i blandningen.

7.3.1 Specifikt märkta föreningar

I en specifikt märkt förening ingår jämte den icke-modifierade substansen blott en enda isotopsubstituerad motsvarighet till denna. Både position och antal av varje märkningsnuklid måste anges i strukturformeln och i namnet. Symbolen för den inmärkta nukliden samt eventuellt tillhörande indexsiffra skall omslutas av hakparenteser.

Exempel:

$^{13}CH_4$ (isotopsubstituerad) blandad med CH_4 (naturlig isotopsammansättning) ger $[^{13}C]H_4$ (specifikt märkt). Namn: $[^{13}C]$metan.

$CH_2{}^2H_2$ blandad med CH_4 (naturlig isotopsammansättning) ger $CH_2[^2H_2]$. Namn: $[^2H_2]$metan

Enkelmärkt

Multipelmärkt

Blandat märkt

Olika varianter av specifik märkning. En specifikt märkt substans kallas *enkelmärkt* när endast en atom är berörd av märkningen, t.ex. en av väteatomerna vid kolatom nr 1 i etanol. Den märkta föreningens strukturformel skrivs på detta sätt: CH_3-CH$[^2H]$-OH, och namnet lyder $[1\text{-}^2H_1]$etanol. I en *multipelmärkt* substans är mer än en atom av ett och samma element i samma eller skilda positioner berörd av märkningen, som i t.ex. CH_3-C$[^3H_2]$-OH och $CH_2[^2H]$-CH$[^2H]$-OH. En *blandat märkt* substans är märkt med flera olika slags atomer, så som är fallet i t.ex. CH_3-CH_2-$[^{18}O][^2H]$.

I det rationella namnet skall nuklidsymbolen/-symbolerna omslutas av hakparenteser och sättas in i namnet strax före den namndel som syftar på den isotopmärkta positionen. Nödvändiga lokanter sätts in omedelbart före respektive nuklidsymbol på det sätt som visas i tabell 7–2. Nuklidsymboler med tillhörande lokanter får även ställas först i namnet.

Tabell 7–2. Exempel på specifikt märkta föreningar

Formel	Namn	Märkning
$[^{13}C]H_4$	$[^{13}C]$Metan	Enkel
$[^{14}C]H_3\text{-}OH$	$[^{14}C]$Metanol	Enkel
$CH_3\text{-}CH[^2H]\text{-}OH$	$[1\text{-}^2H_1]$Etanol	Enkel
$CH[^2H_2]\text{-}CH_2\text{-}OH$	$[2,2\text{-}^2H_2]$Etanol	Multipel
$CH[^3H_2]\text{-}CH[^2H]\text{-}OH$	$[1\text{-}^2H_1\text{-}2,2\text{-}^3H_2]$Etanol	Multipel
$CH_3{-}CH_2{-}[^{18}O][^2H]$	[*O*-^{2}H]Etan[^{18}O]ol	Blandad
$H_2N{-}[^{14}C]H_2$–(cyklohexan)–COOH	*trans*-4-(Amino[^{14}C]metyl)-cyklohexankarboxylsyra	Enkel

7.3.2 Selektivt märkta föreningar

En *selektivt* märkt förening kan betraktas som en blandning av specifikt märkta föreningar. Detta innbär att märkningspositionen/-positionerna är definierade, men antalet märkningsnuklider i respektive position är odefinierat. Det är därför inte möjligt att rita någon entydig strukturformel för en selektivt märkt förening.

Tabell 7–3. Exempel på selektivt märkta föreningar. Observera att formlerna i den vänstra kolumnen avser *specifikt* märkta substanser.

Substansblandning	Formelbeteckning	Namn
$CH_3[^2H]$, $CH_2[^2H_2]$, $CH[^2H_3]$, $C[^2H_4]$	$[^2H]CH_4$	$[^2H]$Metan
$CH_2[^2H_2]$, $CH[^2H_3]$	$[^2H]CH_4$	$[^2H]$Metan
$CH_2[^3H_2]$, $CH[^2H_3]$	$[^2H,^3H]CH_4$	$[^2H,^3H]$Metan
$CH_3\text{-}CH[^2H]\text{-}OH$, $CH[^2H_2]\text{-}CH_2\text{-}OH$	$[1,2\text{-}^2H]CH_3\text{-}CH_2\text{-}OH$	$[1,2\text{-}^2H]$Etanol
$CH_3\text{-}CH[^2H]{-}[^{18}O]H$, $CH[^2H_2]\text{-}CH_2{-}[^{18}O]H$	$[1,2\text{-}^2H,^{18}O]CH_3\text{-}CH_2\text{-}OH$	$[1,2\text{-}^2H,^{18}O]$Etanol

I en selektivt märkt förenings radformel anges märkningen på liknande sätt som för specifikt märkta substanser, men identiska lokanter som syftar på nuklider av samma slag upprepas inte. Indexsiffror sätts inte ut annat än i speciella fall, som inte behandlas i denna framställning. Nuklidsymbolerna inom hakparentes uppräknas i alfabetisk ordning, nuklider av samma element efter stigande masstal.

I tabell 7–3 ovan visas några exempel på selektivt märkta föreningar betraktade som blandningar av specifikt märkta substanser.

7.3.3 Oselektivt märkta föreningar

En förening betecknas som oselektivt märkt när varken position eller antal av inmärkta nuklider är definierat. Aktuella nuklidsymboler sätts inom hakparentes omedelbart före formeln och utan lokanter eller indexsiffror.

Exempel:

$[^{14}C]CH_3CH_2CH_2COOH$	Namn: $[^{14}C]$butansyra
$[^{3}H]C_6H_5Cl$	Namn: kloro$[^{3}H]$bensen
$[^{18}O]CH_2(OH)–CH(OH)–CH_2OH$	Namn: $[^{18}O]$glycerol

7.3.4 Isotopfattiga föreningar

En märkt förening betecknas som *isotopfattig* när dess halt av en viss nuklid understiger den naturliga. Detta anges i såväl formel som namn genom att det kursiverade prefixet *def* (av eng. *deficient*) sätts före symbolen för den nuklid vars halt är sänkt.

Exempel:

[*def* $^{13}C]CH_3OH$	Namn: [*def* ^{13}C]metanol

Avslutningsvis presenterar vi i tabell 7–4 en jämförande sammanställning av namnskicket vid olika slags isotopisk modifiering.

Tabell 7–4. Jämförande exempel på olika slags isotopmodifierad etanol

Föreningstyp	Formel	Namn
Isotopsubstituerad	CH^2H_2-CH_2-O^2H	(2,2-$^2H_2$)Etan(^2H)ol (*O*,2,2-$^2H_3$)Etanol
Specifikt märkt	CH[$^2H_2$]-CH_2-O[^2H]	[2,2-$^2H_2$]Etan[^2H]ol [*O*,2,2-$^2H_3$]Etanol
Selektivt märkt	[*O*,2-^2H]CH_3-CH_2-OH	[*O*,2-^2H]Etanol
Oselektivt märkt	[^2H]CH_3-CH_2-OH	[^2H]Etanol
Isotopfattig	[*def* ^{13}C]CH_3-CH_2-OH	[*def* ^{13}C]Etanol

8 Stereokemisk nomenklatur

8.1 Introduktion

Det äldsta i bruk varande systemet för att ange absolutkonfiguration är D,L-nomenklaturen, som introducerades av Emil Fischer i samband med hans arbeten rörande sockerarters stereokemi. D,L-Nomenklaturen är fortfarande den som mest används för att beskriva kolhydraters och aminosyrors stereostruktur. Vad gäller övriga ämnesklasser begagnar man numera Cahn-Ingold-Prelogs *R*,*S*-system. Beteckningarna *R* och *S* definieras annorlunda än D och L, och det finns inget allmängiltigt samband mellan de två beteckningssystemen.

För att entydigt beskriva de stereokemiska förhållandena vid dubbelbundna kolatomer i acykliska strukturer använder man symbolerna *E* och *Z*.

En mer ingående definition och diskussion av olika stereokemiska begrepp faller utanför ramen för denna framställning. Läsaren hänvisas i detta fall till läroböcker i organisk kemi.

8.2 Optiska isomerer

Före år 1951 behärskade man inte tekniken att bestämma kirala ämnens absoluta konfiguration och angav då som bekant konfigurationen för bl.a. kolhydrater i förhållande till (+)-glyceraldehyd, vars formel skrevs på ett speciellt sätt (Fischer-projektion) och erhöll beteckningen D, eftersom hydroxylgruppen i projektionsformeln i detta fall är riktad åt höger (lat. *dexter*). Fischer-projektionen av spegelbildsisomeren, L-(–)-glyceraldehyd, har sin hydroxyl riktad åt vänster (lat. *laevus*).

```
    CHO             CHO                  CHO              CHO
H ──┼── OH  ≡  H ►  C  ◄ OH        HO ──┼── H  ≡  HO ►  C  ◄ H
    CH3             CH3                  CH3              CH3
```

D-(+)-Glyceraldehyd L-(–)-Glyceraldehyd

Det förtjänar att påpekas att en molekyl kan vara kiral utan att innehålla en enda asymmetrisk atom. Det nödvändiga och tillräckliga villkoret som måste uppfyllas är att molekylen och dess spegelbildsstruktur inte kan bringas att helt täcka varandra, dvs. de skall ha skiljaktig stereostruktur. Spegelbildsisomerer kallas *enantiomerer*.

Enantiomerer

En viktig fysikalisk-kemisk egenskap hos enantiomerer är deras inverkan på planpolariserat ljus: den ena enantiomeren vrider polarisationsplanet (optisk rotation) ett visst antal grader medurs (+), och den andra vrider lika mycket moturs (–). Det finns emellertid inget enkelt samband mellan absolutkonfiguration och optisk rotation.

Särskilt i litet äldre litteratur används beteckningarna *d* och *l* i stället för (+) respektive (–). Förväxla inte *d* och *l* med D och L, vilka har en helt annan innebörd!

Fischers nomenklatursystem är inte helt tillfredsställande vid mer komplicerade molekyler och inte heller vid sådana enkla ämnen som starkt avviker från glyceraldehyd i sin substituentuppsättning.

När D,L-nomenklatur används för att ange en aminosyras stereostruktur åsyftas aminogruppens riktning i syrans Fischer-projektion:

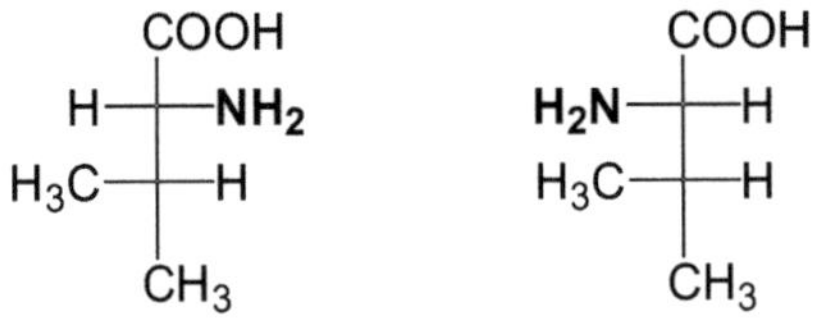

D-(−)-Valin L-(+)-Valin

Mer generellt användbart är det ovan nämnda *R*,*S*-systemet, där beteckningarna *R* och *S* syftar på de latinska orden *rectus* (höger) respektive *sinister* (vänster). Vi skall här endast behandla sådana exempel där kiraliteten har sin grund i att molekylen innehåller en eller flera asymmetriska atomer. En asymmetrisk atom utgör ett stereogent centrum i molekylen. Enligt *R*,*S*-systemet skall man rangordna de *atomer* som är bundna till det stereogena centret enligt en sekvensregel som grundar sig på atomnumren: ju högre atomnummer desto högre prioritet. Ett odelat elektronpar på t.ex. svavel ges lägsta prioritet (se *esomeprazol* nedan). Således i fallande ordning:

I, Br, Cl, S, F, O, N, C, H, odelat elektronpar.

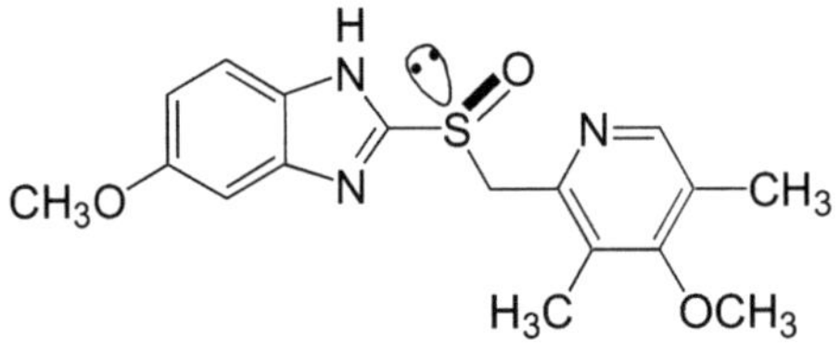

(S)-5-Metoxi-2-[[(4-metoxi-3,5-dimetyl-2-pyridyl)metyl]sulfinyl]bensimidazol
Esomeprazol, det odelade elektronparet på svavel är riktat inåt.

Om två eller flera atomer av samma slag är bundna till det stereogena centret bestäms prioriteten av de atomer som sitter ytterligare ett eller flera steg bort från detta. Atomuppsättningen vid den första skiljaktiga positionen fäller avgörandet. Man behandlar härvid multipelbindningar formellt som enkelbindningar så som illustreras av följande exempel. Formella atomer är markerade med index 0:

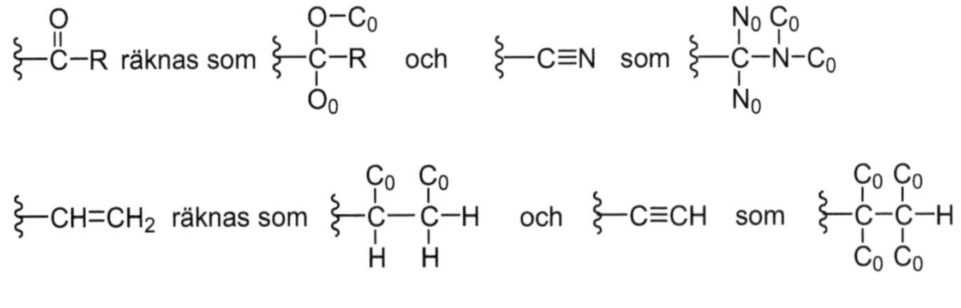

$-C(=O)-R$ räknas som $-C(O-C_0)(O_0)-R$ och $-C{\equiv}N$ som $-C(N_0)(N_0)-N(C_0)-C_0$

$-CH{=}CH_2$ räknas som $-CH(C_0)-CH(C_0)-H$ och $-C{\equiv}CH$ som $-C(C_0)(C_0)-C(C_0)(C_0)-H$

räknas som

I följande fem serier är grupperna ordnade efter fallande prioritet enligt sekvensreglerna ovan.

Serie 1: $-C(CH_3)_3$, $-CH(CH_3)_2$, $-CH_2CH_3$, $-CH_3$

Serie 2: $-C(CH_3)_3$, $-C{\equiv}CH$, $-CH(CH_3)-CH_2CH_3$, $-CH{=}CH_2$

Serie 3: $-COOCH_3$, $-COOH$, $-CONH_2$, $-CHO$

Serie 4: $-CO-CH_3$, $-C{\equiv}N$, $-C_6H_5$, $-C{\equiv}CH$, $-CH{=}CH_2$

Serie 5: $-OH$, $-CH_2NHCH_3$, $-C_6H_5$, $-H$ (jfr adrenalin)

I serie 5 kan viss osäkerhet råda om den inbördes ordningen mellan de båda mellersta grupperna. Dessa kan rationaliseras till:

respektive

Man skall här jämföra atomuppsättningen H,H,N med C,C,C_0, varvid man jämför atomen med det högsta atomnumret vid den ena gruppen med motsvarande vid den andra, dvs. i detta fall N med C. Gruppen $-CH_2NHCH_3$ har alltså prioritet framför $-C_6H_5$.

När det gäller att fastställa om *R*- eller *S*-konfiguration föreligger, betraktar man stereoformeln längs den linje som förbinder det stereogena centret med den atom som har lägsta prioritet (se figuren nedan). Den sistnämnda atomen skall vara vänd bort från betraktaren. De tre övriga grupperna kan nu sägas befinna sig i var sitt hörn av en triangel, alternativt längst ut på var sin eker i ett treekrat hjul. Man skall nu ordna dessa grupper efter fallande prioritet. Om man därvid måste gå medurs betecknas konfigurationen med *R*, i motsatt fall med *S*. *(R)*-2-Butanol får tjäna som exempel:

öga

Ögat ser denna bild:

(R)-2-Butanol

Gå från högst mot näst högst prioriterad grupp:

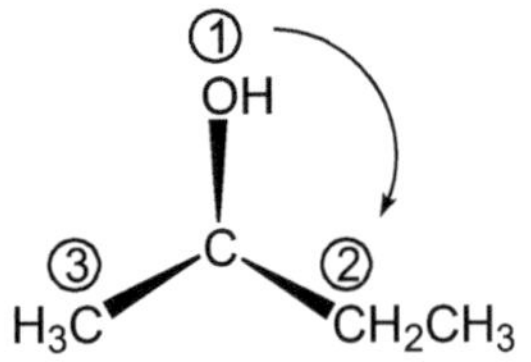

Riktningen är medurs ⟹ *R*-konfiguration

Som framgår av exemplet ovan är den asymmetriska kolatomen i 2-butanol bunden till OH, CH_2CH_3, CH_3 och H; substituenterna är här uppräknade efter fallande prioritet.

Läkemedelssubstansen adrenalin är kiral på grund av att molekylen, i likhet med 2-butanol, innehåller en asymmetrisk kolatom. Adrenalin föreligger därför också i två enantiomera former. Beträffande prioriteringen av substituenterna på det asymmetriska kolet – se serie 5 på föregående sida.

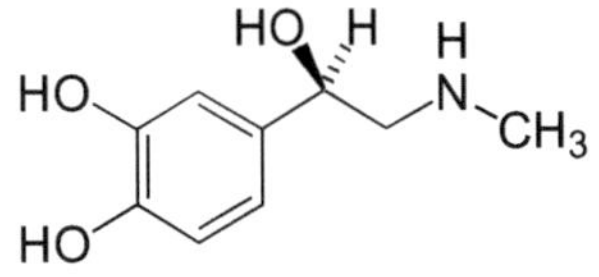

Adrenalin

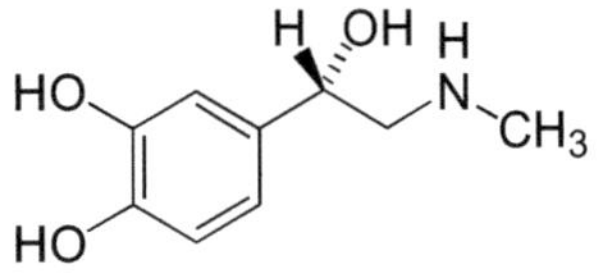

(S)-(+)-Isomeren av adrenalin

Den naturligt förekommande (–)-roterande formen av adrenalin har *R*-konfiguration och en avsevärt mycket starkare fysiologisk verkan än *(S)*-(+)-isomeren.

I de fall där molekyler innehåller flera asymmetriska atomer betraktar man dessa var för sig på nyss angivet vis och sätter helt enkelt in *R* eller *S* på lämpligt ställe i det rationella namnet.

Exempel: 3-kloro-2-pentanol (se nedan), som består av fyra stereoisomerer.

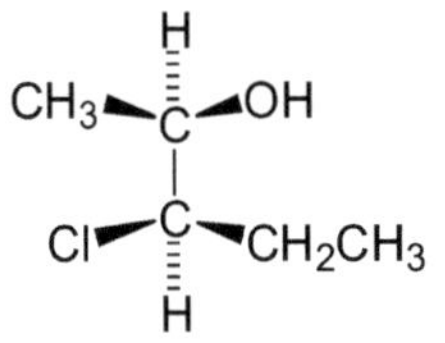

(2*R*,3*R*)-3-Kloro-2-pentanol

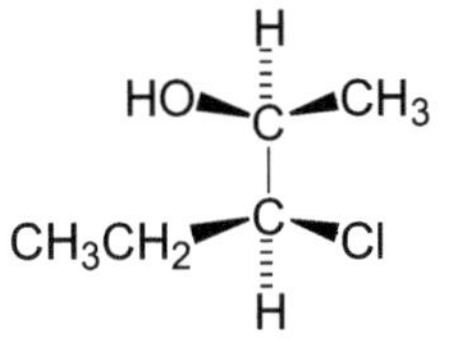

(2*S*,3*S*)-

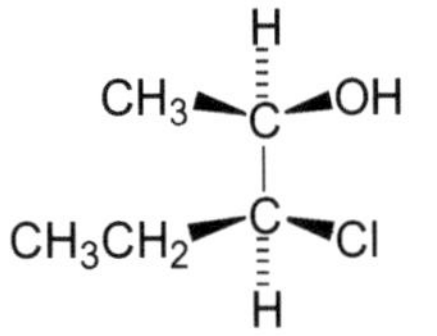

(2*R*,3*S*)-

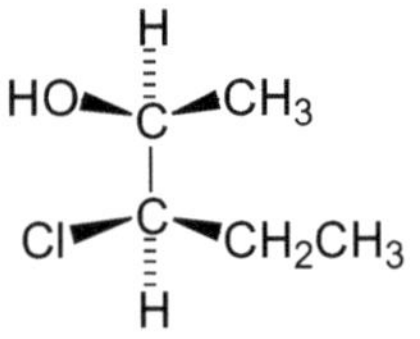

(2*S*,3*R*)-

Diastereomerer

Isomererna (2*R*,3*R*) och (2*S*,3*S*) är enantiomerer. Detsamma gäller för (2*R*,3*S*) och (2*S*,3*R*). Däremot är t.ex. (2*R*,3*R*) och (2*R*,3*S*) *diastereomerer*, dvs. stereoisomerer som inte är spegelbildsisomerer. Observera att även s.k. geometriska isomerer (se avsnitt 8.3) är diastereomerer.

Läkemedelssubstansen (–)-efedrin har absolutkonfigurationen (1*R*,2*S*):

(1*R*,2*S*)-(–)-Efedrin:

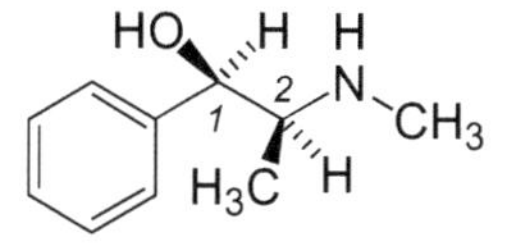

(–)-Efedrins rationella namn lyder: (1*R*,2*S*)-1-fenyl-2-(metylamino)propanol.

R,*S*-Systemet går även att tillämpa på cykliska föreningar, varvid man går till väga på liknande sätt som vid acykliska. Vi exemplifierar med cyklohexanderivatet 1,3-dimetylcyklohexan. Bakom detta namn döljer sig tre stereoisomerer, närmare bestämt (1*R*,3*R*)-, (1*S*,3*S*)- och (1*R*,3*S*)-1,3-dimetylcyklohexan:

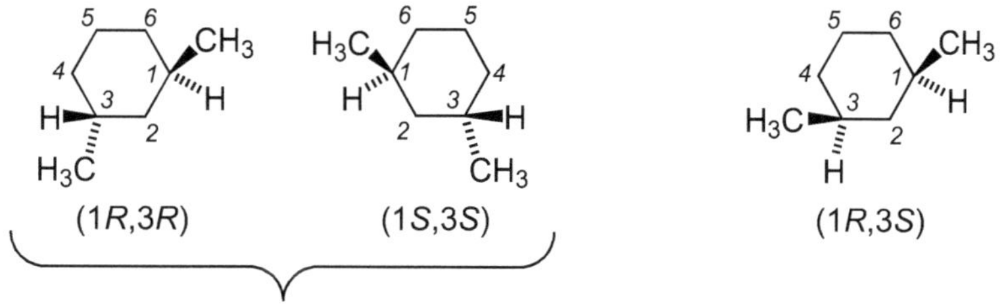

(1*R*,3*R*) (1*S*,3*S*) (1*R*,3*S*)

Enantiomerer *Meso*-form

Låt oss nu analysera absolutkonfigurationen vid kolatom nr 1 i (1*S*,3*S*)-isomeren ovan enligt samma riktlinjer som angavs för *(R)*-2-butanol. Väteatomen har lägst prioritet och skall riktas bort från betraktaren. Metylgruppen kommer näst lägst i rangordning. För att avgöra ringatomernas prioritetsordning skall vi jämföra ekvidistanta positioner med utgångspunkt från det stereogena centret. Kolatomerna nr 2 och 6 är likvärdiga, medan nr 3, som bär en metylgrupp, har högre rang än den osubstituerade nr 5. Rangordningen är nu klar, och vi utgår från kolatom 3 (högst rang), går mot kolatom 5 (näst högst) och slutligen mot metylgruppen. Riktningen är moturs, dvs. det råder *S*-konfiguration vid kolatom nr 1.

8.3 Geometriska isomerer

Den teoretiska bakgrunden till geometrisk isomeri behandlas i läroböcker i organisk kemi. För benämning av sådana isomerer har IUPAC utfärdat följande rekommendationer:

- När det inte talas om specifika föreningar, används lämpligen uttryck av typen "*cis*-formen" och "*trans*-isomeren". Även för att ange den relativa stereostrukturen för substituenter i monocykliska föreningar används prefixen *cis* och *trans*.

- Vad gäller acykliska föreningar anges stereostrukturen helst med hjälp av symbolerna *E* (av ty. *entgegen*) och *Z* (av ty. *zusammen*).

Som tidigare har nämnts tillhör *cis-trans-* och *E,Z*-isomerer kategorin *diastereomerer*, eftersom de är stereoisomerer men *inte* enantiomerer.

Några exempel på benämning av *cis-trans*-isomerer av substituerade cykloalkaner:

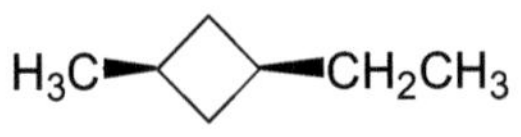

cis-1-Etyl-3-metylcyklobutan

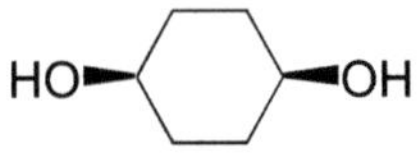

cis-1,4-cyklohexandiol

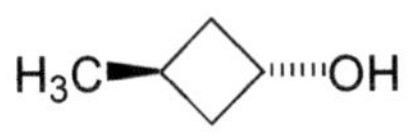

trans-3-Metylcyklobutanol

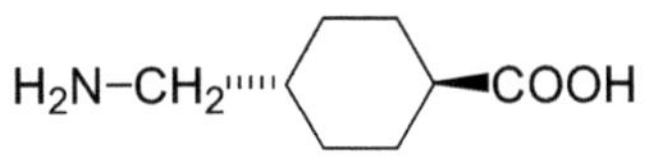

trans-4-(Aminometyl)cyklohexankarboxylsyra (tranexamsyra)

I *E,Z*-systemet rangordnar man substituenterna vid dubbelbundna kolatomer enligt samma prioriteringsregler som i *R,S*-systemet. Rangordningen görs separat vid varje dubbelbunden kolatom så som framgår av följande exempel. Om lika prioriteringssiffror kommer på samma sida om dubbelbindningen är molekylen ifråga en *Z*-isomer. Är siffrorna på samma sida olika, innebär detta en *E*-isomer.

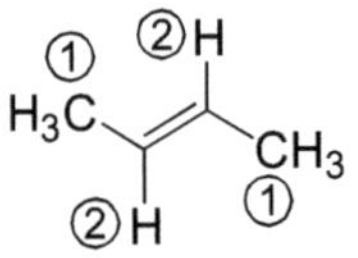

(*E*)-2-Buten

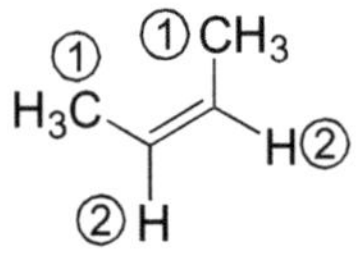

(*Z*)-2-Buten

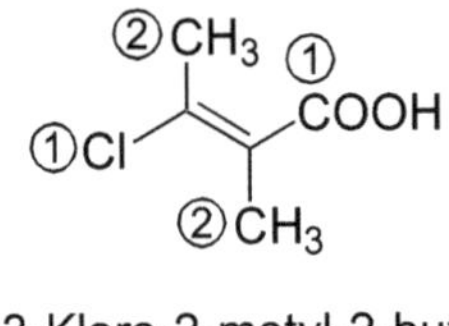

(*E*)-3-Kloro-2-metyl-2-butensyra

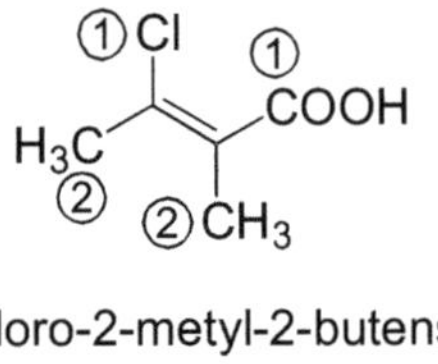

(*Z*)-3-Kloro-2-metyl-2-butensyra

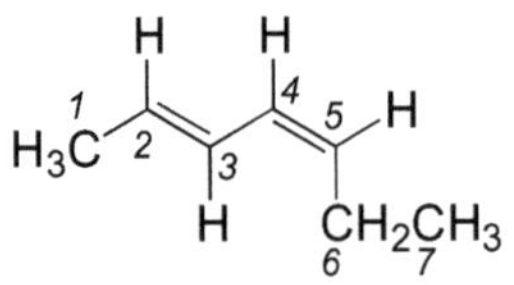

(2*E*,4*Z*)-Heptadien

Här följer ett utdrag ur ranglistan (från hög till låg rang):

I, Br, Cl, HS, F, CH_3O, OH, NO_2, NH_2, COOH, CH_3CO, C_6H_5, $C_6H_5CH_2$, ... C_6H_{13}, C_2H_5, CH_3, H

Den fullständiga listan finns i bl.a. *Pure and Appl. Chem.* 45, *1976*, s. 11, där också mer komplicerade fall av geometrisk isomeri vid ringar behandlas. Ett sådant fall skall belysas här.

Antag att man vill uttrycka de steriska relationerna mellan substituenterna i följande cyklopentanderivat:

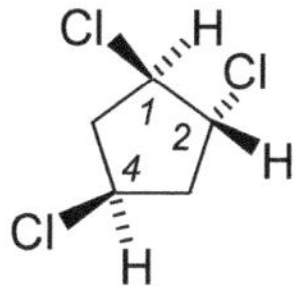

När, som i det här fallet, en substituent och ett väte sitter vid mer än två positioner i en monocyklisk förening, uttrycker man de steriska relationerna genom att sätta *r*- (för referens) framför lokanten för den av substituenterna som har lägst nummer. De övriga substituenternas lägen anger man genom att sätta *c*- (för *cis*) eller *t*- (för *trans*) framför lokanten för respektive substituent. I detta fall blir namnet: *r*-1, *t*-2, *c*-4-triklorocyklopentan.

9 Organisk-kemiska namn – skrivregler

Föreliggande regelsamling anknyter nära till de skrivregler som har föreslagits av Svenska Kemistsamfundet och Tekniska Nomenklaturcentralen och som publicerades i Kemisk Tidskrift *1979* (nr 5), s. 38-39.

9.1 Introduktion

I sitt företal till *Nomenclature of Organic Compounds* (London, Butterworths, 1969) anför *Commission on the Nomenclature of Organic Chemistry* följande:

"The Commission hopes also that each nation will try to reduce the variations in nomenclature with regard to spelling, the position of numbers, punctuation, italicizing, abbreviations, elision of vowels, certain terminations, and so forth; the present rules are not to be held as making recommendations in these matters."

När Svenska Kemistsamfundets nomenklaturutskott började bearbeta frågan om en eventuell översättning av IUPAC-reglerna till svenska, stod det snart klart att en mer eller mindre ordagrann översättning av den omfångsrika regelboken skulle vara både onödig och dyrbar. Reglernas innebörd kan utan svårighet inhämtas i det engelskspråkiga originalet; däremot borde man i en begränsad samling skrivregler utfärda rekommendationer för översättning av engelska kemiska namn till svenska.

Det stora flertalet engelska namn går att översätta till svenska med hjälp av reglerna 1-13 nedan. Naturligtvis kan man inte lösa alla översättningsproblem med en så begränsad regelsamling. Därför har reglerna kompletterats med en ordlista, som främst upptar trivialnamn, med namn på karboxylsyror som dominerande inslag.

Regelsamlingen är en bearbetning av det förslag som publicerades i Kemisk Tidskrift *1975* (nr 6), s. 56. Vid bearbetningen har hänsyn tagits till synpunkter som meddelats av intresserade kemister.

Ett utmärkande drag för IUPAC-reglerna är att de ofta ger ett generöst spelrum för olika namnvarianter. Denna tolerans gentemot olika alternativ reflekteras i viss mån i nedanstående regler. Vi har dock utformat de olika punkterna på ett sådant sätt att det framgår vad som är nomenklaturutskottets rekommendation och vad som därutöver kan tolereras.

9.2 Allmänna skrivregler

Till reglerna är fogad en kommentar, som återfinns efter regel 13. I några fall har hänvisningar gjorts till regelboken *Nomenclature of Organic Chemistry* (t.ex. A-71.1)

1. De till svenska översatta reglerna för oorganisk kemisk nomenklatur, TNC 56, tillämpas i förekommande fall.
Exempel: iodine – jod; sodium – natrium

2. Terminalt *-o* bör kvarstå vid översättning av ord på bromo-, chloro-, fluoro- och iodo- (regel C-102.1) samt cyano- och liknande (C-833.1). Former utan terminalt o tolereras dock, främst i korta ord såsom klorättiksyra, diklormetan m.fl.

3. I *-ane*, *-ate*, *-ene*, *-ide*, *-ile*, *-ine*, *-ole*, *-one*, *-yne* och liknande suffix stryks terminalt *-e*. För namn på acetylenföreningar rekommenderas suffixet *-yn* i stället för *-in*.
Exempel: aniline – anilin; ethanethiol – etantiol; propyne – propyn

4. I *acetoxy-*, *hydroxy-*, *methoxy-* och liknande ersätts terminalt *-y* med *-i*.

5. *Ph* återges med *f*. – Se dock punkt 13.
Exempel: *o*-phenylphenol – *o*-fenylfenol; phosgene – fosgen

6. Bokstaven *h* stryks efter *t* och i regel efter *r*. – Se dock punkt 13.
Exempel: phthalimide – ftalimid; rhodanine – rodanin

7. Bokstaven *c* före konsonant och hård vokal återges med *k*. – Se dock punkt 13.
Exempel: decane – dekan (motsvarande alkyl heter dock både på engelska och svenska *decyl*, eftersom *c* följs av mjuk vokal); lactate – laktat

8. *Ch* återges med *k*. Stavning med *ch* bibehålls dock i orden chalkon och cholsyra. – Se också punkt 13.
Exempel: cholantrene – kolantren; cholesterol – kolesterol; choline – kolin

9. *Qu* före i återges vanligtvis med *k*. *Qu* före *a* och *e* återges med *kv*. – Se också punkt 13.
Exempel: quinazoline – kinazolin; quinine – kinin; squalene – skvalen

10. Bokstaven *z* i engelska namn bibehålls. Undantag är sådana ord som härleds från bensoe, t.ex. bensen. Stavning med *z* bör dock även här kunna tillåtas.
Exempel: azobenzene – azobensen; azulene – azulen; benzil – bensil; benzotriazole – bensotriazol; sodium benzoate – natriumbensoat (inget mellanslag mellan natrium och bensoat!)

11. Många kemiska namn skrivs på engelska i två eller flera ord. På svenska skall om möjligt alla sådana namn sammanskrivas, även i komplicerade fall. För att underlätta förståelsen kan man avdela ordet med bindestreck eller använda parenteser.
Exempel: ethyl acetate – etylacetat; benzyl methyl ether – bensylmetyleter; ethyl phenylpropyl ethers – etyl-fenylpropyl-etrar eller etyl(fenylpropyl)etrar; ethylphenyl propyl ethers – etylfenyl-propyl-etrar eller (etylfenyl)propyletrar

12. I fråga om benämning av syror gäller att ändelserna *-ic acid* och *-oic acid* återges med *-syra* eller *-insyra*. Det finns dock talrika undantag. Se de individuella namnen i ordlistan.

När det gäller rationella namn på organiska syror jämte derivat kan följande noteras som typfall.

C_4H_9COOH	$C_4H_9COO^{\ominus}$	C_4H_9CO—	C_4H_9COO—
Pentanoic acid	pentanoate	pentanoyl	pentanoyloxy
Pentansyra	pentanoat	pentanoyl	pentanoyloxi

13. Reglerna 1 – 12 gäller i princip även för sådana namn som har relation till växt- eller djurnamn. Dock bör reglerna begränsas till att gälla naturprodukter som i ett eller annat avseende är så betydelsefulla att det finns ett klart behov av att införliva deras namn med svenska språket.
Exempel: ephedrine (från *Ephedra*) – efedrin; caffeine (från *Coffea*) – koffein; physostigmine (från *Physostigma*) – fysostigmin; strychnine (från *Strychnos*) – stryknin; quebrachamine (från *Aspidosperma quebracho-blanco*) – quebrachamin (här finns för närvarande inget behov av fullständig försvenskning).

9.2.1 Kommentarer till skrivreglerna

1. Det fullständiga namnet på publikationen TNC 56 är: *Oorganisk kemisk nomenklatur*, Tekniska nomenklaturcentralens publikationer nr 56, Stockholm 1975.

2. IUPAC-reglernas engelska version föreskriver terminalt *-o* i prefix av typen *chloro-*, *iodo-*, *cyano-* etc. Främst genom påverkan av tyskt språkbruk har emellertid namn som klorfenol, cyanättiksyra och liknande fått stor användning, och det är helt orealistiskt att utdöma dylika benämningar.

3. Regeln är helt i överensstämmelse med gällande praxis. Den är också helt naturlig, då terminalt *-e* är stumt i engelskan. När det gäller namn på acetylenföreningar har suffixet *-in* (från tyskan) fått viss användning i svensk nomenklatur (t.ex. i läkemedelsbenämningar). Det är dock nomenklaturutskottets bestämda uppfattning att ändelsen *-in* bör reserveras för sexledade heterocykliska system (regel B-1.1). Dessutom används ändelsen i ett stort antal trivialnamn på organiska baser (anilin, atropin, guanidin m.fl.).

En negativ verkan av regel 3 bör uppmärksammas: ändelsen *-ole* (pyrrole, indole etc.) blir på svenska identisk med alkohol-/fenolsuffixet *-ol*. – När det gäller uttalet av suffixet *-on* rekommenderas *-ån* (med långt å-ljud).

7. Det har diskuterats om det är lämpligt att modifiera en ordstam då man övergår från alkan till alkyl, som fallet blir vid dekan – decyl, om man håller fast vid regel 7. Ett skäl för att inte frångå huvudregeln är att man erhåller en bättre överenstämmelse med engelskt uttal.

8. Chalkon är undantaget från regeln, då denna stavning är i överensstämmelse med gängse uttal ("tjalkån"). I fallet cholsyra är det befogat med ett undantag, eftersom kolsyra avser föreningen H_2CO_3. Stavningen cholsyra används också allmänt av forskare på detta område, och uttalet bör vara "kållsyra". För namn sådana som kolesterol finns dock ingen anledning att frångå huvudregeln.

10. Frågan om huruvida man skall skriva bensen eller benzen är kontroversiell. Kemister tillhörande olika generationer har ofta olika uppfattning i denna fråga. En utredning av alternativen *s-z* har presenterats i TNC-spalten (Kemisk Tidskrift *1975*, nr 4). Där anfördes skäl för stavning med *z* i ord som härleds från bensoe, t.ex. bensen. (Bensoe stavades före c:a 1920 med *z*, t.ex. i farmakopén.)

Stavning med *z* föreslogs också i det tidigare publicerade regelförslaget (Kemisk Tidskrift *1975*, nr 6), men detta möttes av kraftiga invändningar från flera håll. Förslaget att endast tillåta stavning med *s* möttes emellertid av lika kraftiga invändningar från andra håll, varför den i inledningen nämnda toleransen gentemot olika alternativ måste tillämpas.

11. Regeln föreskriver sammanskrivning. Om ett ord blir långt, och därigenom svårbegripligt, kan man göra avdelningar med hjälp av bindestreck. I vissa sällsynta fall måste dock särskrivning tillgripas.
Exempel: natriumsaltet av 2-*aci*-nitropropan; kaliumsaltet av metionin.

13. Att denna regel är vagt formulerad beror på att det å ena sidan kan vara praktiskt att ett namn på en naturprodukt har tydlig anknytning till moderväxtens (eller djurets) latinska namn, medan det å andra sidan i vissa sammanhang (t.ex. författningstext) kan te sig inkonsekvent att använda ickesvenska benämningar.

Regel 13 talar om att "ett klart behov" skall föreligga, om man skall tillämpa reglerna 1-12 på naturproduktsnamn. Ett dylikt behov kan föreligga just i författningstext (t.ex. kungörelsen om livsmedelstillsatser, narkotikaförordningen m.m.). En liknande situation uppkommer när en naturprodukt får användning som läkemedel.

9.3 Engelsk-svensk ordlista

Listan upptar sådana organisk-kemiska namn vilkas översättning inte framgår av de generella reglerna. Den innehåller endast namn som bedöms vara i så allmänt bruk att behov av översättning föreligger. Avledda former upptas i regel inte. Eftersom exempelvis *valeric acid* översätts med valeriansyra, förutsätts det som självklart att *isovaleric acid* bör heta isovaleriansyra på svenska. Salt- och esternamn anges inom parentes.

abietic acid	abietinsyra (abietat)
acetic acid	ättiksyra (acetat)
acetic anhydride	ättiksyreanhydrid
acetoacetic acid	acetättiksyra (acetoacetat)
aconitic acid	akonitinsyra (akonitat)
acrylic acid	akrylsyra (akrylat)
adenylic acid	adenylsyra (adenylat)
adipic acid	adipinsyra (adipat)
alginic acid	alginsyra (alginat)
anthranilic acid	antranilsyra (antranilat)
ascorbic acid	askorbinsyra (askorbat)
asparagic acid	asparaginsyra (aspartat)
asparaginic acid	" "
aspartic acid	" "
barbituric acid	barbitursyra (barbiturat)
benzilic acid	bensilsyra (bensilat)
benzoic acid	bensoesyra (bensoat)
benzoic anhydride	bensoesyreanhydrid
butyric acid	smörsyra (butyrat)
caffeine	koffein
camphor	kamfer
camphoric acid	kamfersyra (kamferat)
capric acid	kaprinsyra (kaprinat)
caproic acid	kapronsyra (kaproat)
caprylic acid	kaprylsyra (kaprylat)
carbamic acid	karbamidsyra, karbaminsyra[1] (karbamat)
-carboxylic acid	-karboxylsyra (-karboxylat)
chalcone	chalkon
cholic acid	cholsyra (cholat)
cinnamaldehyde	kanelaldehyd
cinnamic acid	kanelsyra (cinnamat)
cinnamyl alcohol	kanelalkohol
citric acid	citronsyra (citrat)
coumarin	kumarin
crotonic acid	krotonsyra (krotonat)

[1]Namnformen *karbamidsyra* rekommenderas enligt TNC, regel 5.34. *Karbaminsyra*, som anknyter till äldre tyskt språkbruk, används ganska ofta.

dehydrocholic acid	dehydrocholsyra (dehydrocholat)
elaidic acid	elaidinsyra (elaidinat)
epinephrine	adrenalin
ethyl acetoacetate	etylacetoacetat, acetättikester
folic acid	folsyra (folat)
folinic acid	folinsyra (folinat)
formic acid	myrsyra (formiat)
fumaric acid	fumarsyra (fumarat)
galactaric acid	galaktarsyra, slemsyra (galaktat)
gallic acid	gallussyra (gallat)
gibberellic acid	gibberellinsyra (gibberellinat)
glucaric acid	glukarsyra, sockersyra (glukarat)
gluconic acid	glukonsyra (glukonat)
glutamic acid	glutaminsyra (glutamat)
glutaric acid	glutarsyra (glutarat)
glyceric acid	glycersyra (glycerat)
glycolic acid	glykolsyra (glykolat)
glyoxylic acid	glyoxylsyra (glyoxylat)
guaiacol	guajakol
guanylic acid	guanylsyra (guanylat)
hippuric acid	hippursyra (hippurat)
hydrocinnamic acid	hydrokanelsyra (hydrocinnamat)
lactic acid	mjölksyra (laktat)
lactobionic acid	laktobionsyra (laktobionat)
lauric acid	laurinsyra (laurat)
levulinic acid	levulinsyra (levulinat)
linoleic acid	linolsyra (linoleat)
linolenic acid	linolensyra (linolenat)
lysergic acid	lysergsyra (lysergat)
maleic acid	maleinsyra (maleinat)
malic acid	äppelsyra (malat)
malonic acid	malonsyra (malonat)
mandelic acid	mandelsyra (mandelat, amygdalat)
mevalonic acid	mevalonsyra (mevalonat)
mucic acid	slemsyra, galaktarsyra (galaktat)
myristic acid	myristinsyra (myristat)
naphthoic acid	naftoesyra (naftoat)
nicotinic acid	nikotinsyra (nikotinat)
norepinephrine	noradrenalin
oestran	estran (hellre än östran)
oleic acid	oljesyra (oleat)

orotic acid	orotsyra (orotat)
oxalic acid	oxalsyra (oxalat)
palmitic acid	palmitinsyra (palmitat)
parabanic acid	parabansyra (parabanat)
phenothiazine	fentiazin
phthalic acid	ftalsyra (ftalat)
picric acid	pikrinsyra (pikrat)
pimelic acid	pimelinsyra (pimelat)
pivalic acid	pivalinsyra, trimetylättiksyra (pivalat)
propiolic acid	propiolsyra (propiolat)
propionic acid	propionsyra, propansyra (propionat, propanoat)
pyrocatechol	katekol
pyruvic acid	pyrodruvsyra (pyruvat)
pyruvic aldehyde	metylglyoxal
resorcylic acid	resorcylsyra (resorcylat)
ricinoleic acid	ricinolsyra (ricinolat)
saccharic acid	sockersyra, glukarsyra (glukarat)
saccharin	sackarin
salicylic acid	salicylsyra (salicylat)
sebacic acid	sebacinsyra (sebacinat)
shikimic acid	shikimisyra (shikimat)
sialic acid	sialinsyra (sialat)
sorbic acid	sorbinsyra (sorbat)
stearic acid	stearinsyra (stearat)
styphnic acid	styfninsyra (styfnat)
suberic acid	suberinsyra, korksyra (suberat)
succinic acid	bärnstenssyra (succinat)
sucrose	sackaros, sukros, rörsocker
sulfanilic acid	sulfanilsyra (sulfanilat)
tannic acid	tannin, garvsyra (tannat)
tartaric acid	vinsyra (tartrat)
tiglic acid	tiglinsyra (tiglat)
tricarballylic acid	trikarballylsyra (trikarballylat)
tropic acid	tropasyra (tropat)
urea	karbamid, urinämne, urea
-uronic acid	-uronsyra (-uronat)
valeric acid	valeriansyra (valerat)

10 Från namn till formel
– Några praktiska råd vid formelritning

När man konfronteras med ett invecklat kemiskt namn som skall översättas till en formelbild är det säkrast att gå systematiskt till väga. Arbetsgången kan lämpligen vara som följer.

1. Tag reda på *huvudordet* i namnet. Huvudordet syftar på det kolskelett, *stammen*, som man med ledning av lokanter, prefix och suffix skall förse med substituenter. – Huvudordet brukar återfinnas långt till höger i namnet.
2. Numrera stammen (se t.ex. s. 11-12, 15-16, 34 och 44-46).
3. Substituera, dvs. placera in de olika grupperna samt dubbel- och trippelbindningar med ledning av prefix, suffix och lokanter.
4. Fyll ut med väteatomer (behövs inte om du väljer att rita "bond-line formulas", se avsnitt 1.5).
5. Kontrollera den ritade formeln mot det kemiska namnet. Var särskilt noga med att betydelsen av varje lokant återspeglas i formeln.

Det förtjänar att påpekas att vi inte alltid utgår från namn som är korrekta enligt IUPAC:s senaste regler. Även äldre namn är vanliga, inte minst i läkemedelsnomenklatur!

Några exempel på översättning av namn till strukturformel:

Exempel 1: 3-(2-Metoxifenoxi)propan-1,2-diol (*guajfenesin*, ett expektorantium)

1. Huvudordet är propan: C–C–C alternativt /\ ("bond-line")
2. Numrering: C–C–C (1 2 3) 1/2\3
3. Substituering:
   Enklast är att sätta in de två alkoholgrupperna (...-1,2-diol).

HO–C–C(OH)–C (1 2 3) HO–1–2(OH)–3

I 3-ställning skall det sitta en sammansatt grupp. Dess namn står inom parentes. Det går att urskilja ett slags huvudord, närmare bestämt *fenoxi*, inom den sammansatta gruppens namn. Fenoxi betyder C_6H_5O– (se prefixtabellen, s. 88). Bäst är att i detta fall rita ut bensenringen.

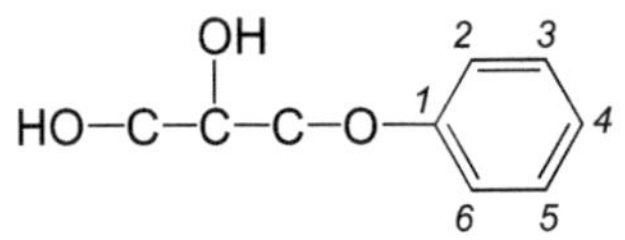

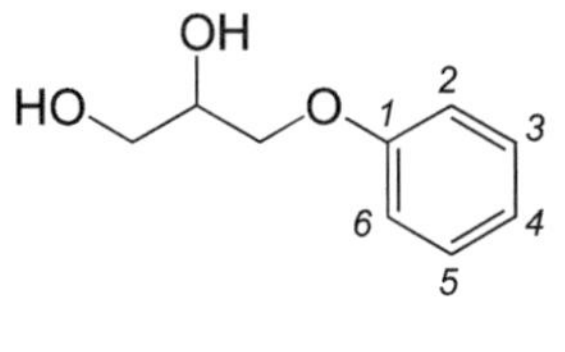

Räckvidden för lokanten 2 inom den inledande parentesen sträcker sig inte utanför denna; tvåan syftar endast på position 2 i bensenringen, som numreras utifrån fästpunkten vid etersyret. Metoxi betyder CH_3O– (se prefixtabellen).

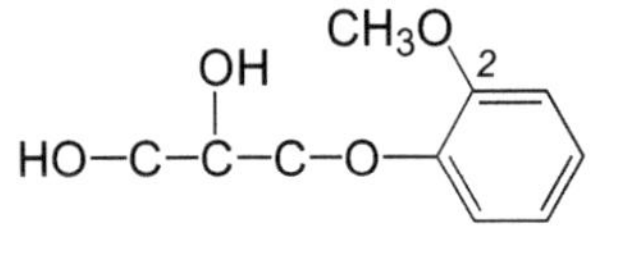

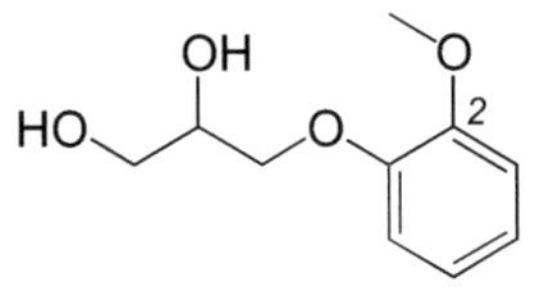

Denna formel är nu komplett.

4. Vi kompletterar med väteatomer (utom i ringhörnen):

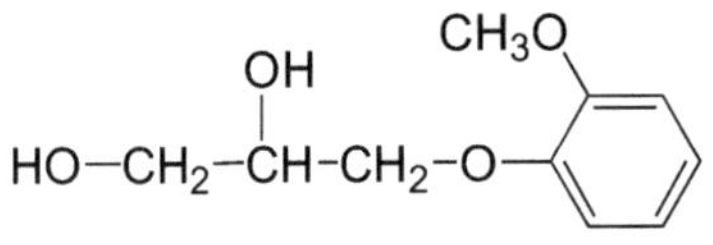

5. Kontrolläsning och jämförelse med något kemiskt uppslagsverk:

I Merck Index återges formeln för guajfenesin på följande sätt:

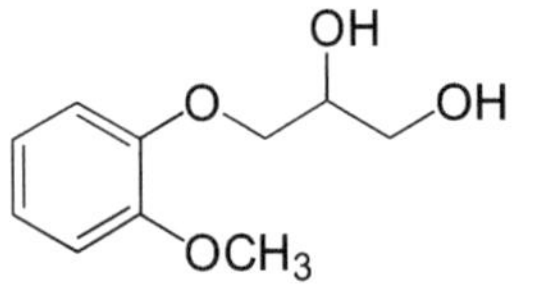

Konnektivitet

Det finns inga fasta normer för hur strukturformler skall orienteras. Formlerna presenteras ofta på högst skiftande sätt i t.ex. olika läroböcker och uppslagsverk. En närmare granskning av konnektiviteten (i vilken ordningsföljd molekylens atomer är bundna till varandra) i de olika formelversionerna av guajfenesin visar dock att formlerna avser samma ämne.

Exempel 2: 4-(Butylamino)bensoesyre[2-(dimetyamino)etyl]ester

1. Vilket är huvudordet? I vissa fall, främst vid estrar, kan det vara svårt att urskilja huvudordet. Här framgår det ju av namnet att det rör sig om en ester. En bra framkomstväg är då att rita upp estergruppen, –CO–O–, och sedan ta reda på huvudorden i den syra och den alkohol/fenol som estern i stort är uppbyggd av. I det här fallet kan man säga att det är fråga om bensoesyrans etylester (dvs. etylbensoat) som är substituerad i både syra- och alkoholdel. Skissera alltså bensoesyreetylester:

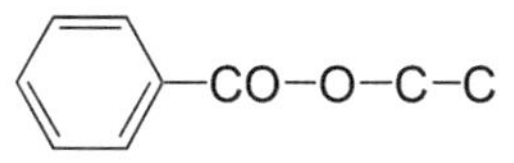

C_6H_5–CO–O–C–C alternativt

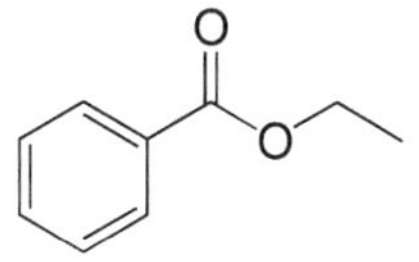

2. Numrering av syra- och alkoholdelarna:

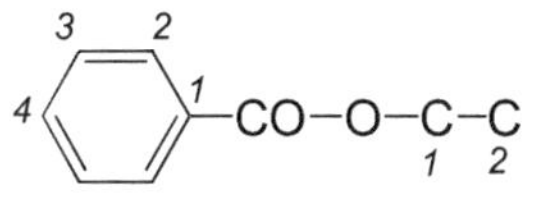

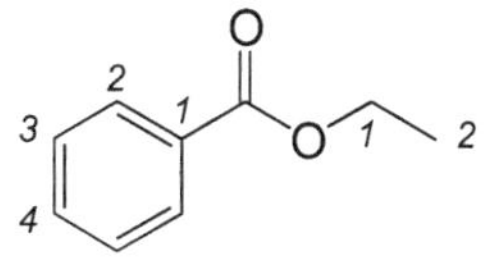

3. och 4. Substituering och komplettering med väte:

Butylamino: C_4H_9–NH– Dimetylamino: $(CH_3)_2N$–

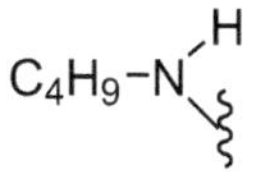

C_4H_9NH–C_6H_4–CO–O–$CH_2CH_2N(CH_3)_2$

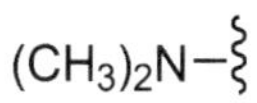

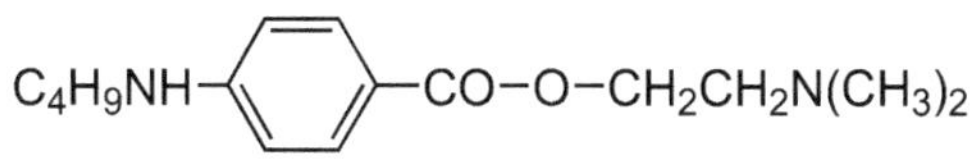

alternativt

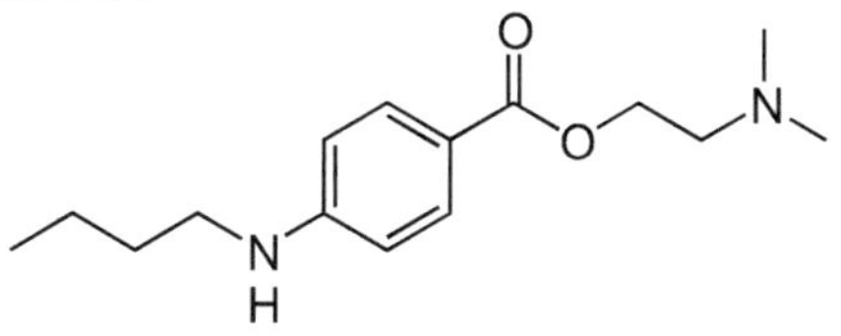

Substansen heter *tetrakain* (ett lokalanestetikum).

5. Kontroll. Man kan lägga märke till att det endast finns två lokanter, och att dessa syftar på var sin sammansatt grupp (butylamino respektive dimetylamino).

Exempel 3: 10-[3-(4-(2-Hydroxietyl)-1-piperazinyl)propyl]-2-klorofentiazin (ur FASS 2006)

1. Huvudordet är fentiazin, ett treringssystem:

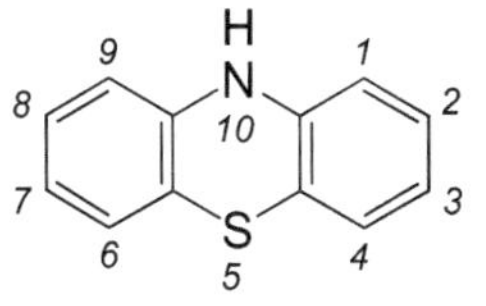

2. Numrering. Sedan vi numrerat ringen kan det vara lämpligt att konstatera att det i 10-ställning sitter en substituerad propylgrupp, som vi också ritar ut och numrerar:

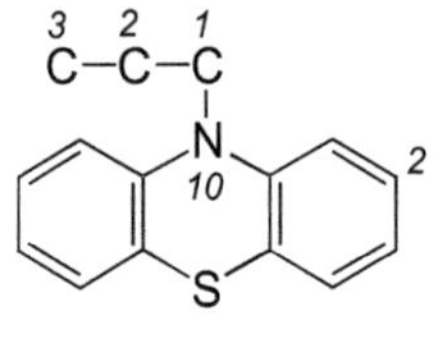

alternativt

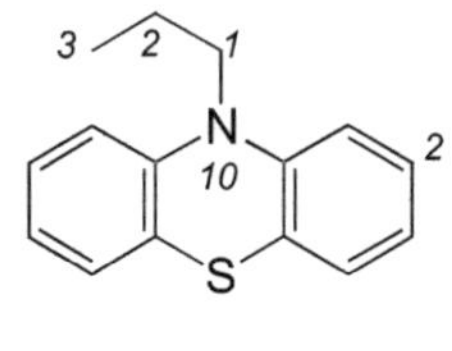

3. Substituering. Svårigheten att tolka namn av den här typen ligger i att göra klart för sig vad lokanterna syftar på. Lokanterna 2 (före kloro) och 10 står liksom fentiazin utanför alla parenteser och syftar därför på positioner i fentiazin, som är stammen. Lokanten 3 står, liksom propyl, endast inom [ ] och syftar därför på kolatom nr 3 i propylgruppen. Siffran 1 har omedelbar anknytning till piperazin och betecknar tillsammans med ändelsen *-yl* i piperazinyl att denna ring är fäst vid sitt ena kväve. Även siffran 4 har anknytning till piperazin: piperazinets 4-ställning är substituerad med en hydroxietylgrupp, vars hydroxyl är bunden till etylgruppens 2-ställning.

Resultatet blir som följer:

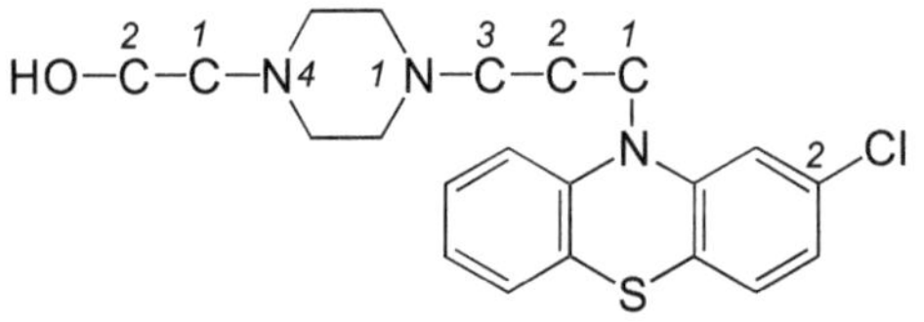

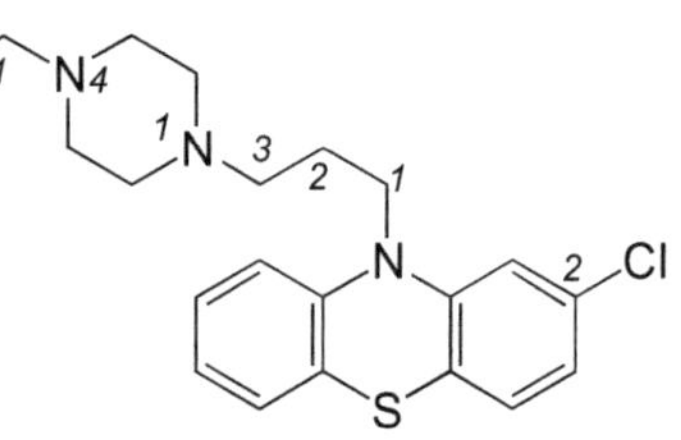

Formeln till höger är nu komplett. Observera att sidokedjor alltid numreras inifrån och utåt.

4. Komplettering med väte där så behövs:

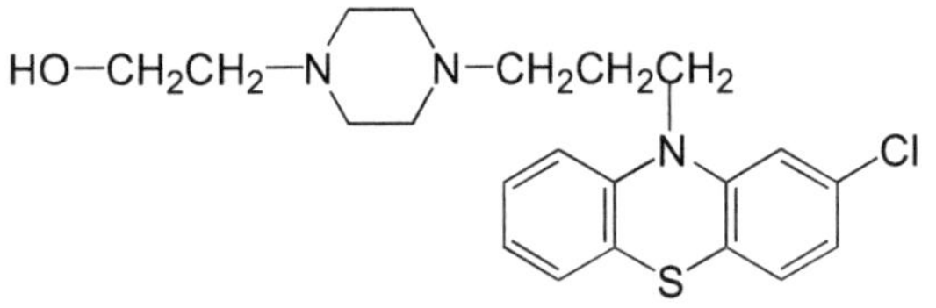

5. Kontrollera! Föreningen heter *perfenazin* (ett neuroleptikum). – Det kan nämnas att perfenazins rationella namn i FASS inte är bildat strikt enligt IUPAC-reglerna. Dessa föreskriver att huvudfunktionen anges som suffix. Högst rang bland de funktionella grupperna i perfenazin har hydroxylgruppen (se tabell 3, s. 96).

Exempel 4: 5-[3-(Dimetylamino)propyliden]-10,11-dihydro-5*H*-dibenso[*a*,*d*]cyklohepten

1. Huvudordet är 5*H*-dibenso[*a*,*d*]-cyklohepten, som är ett kondenserat (fogat) ringsystem. Det indikerade vätet (5*H*) anger att position 5 inte är berörd av någon endocyklisk dubbelbindning (se s. 24-25). Bokstäverna inom hakparentes är hjälpbokstäver, som beskriver var bensenringarna är fogade till cyklohepten (se avsnitt 3.2.1 och 3.3 för en mer detaljerad beskrivning av ringfogning m.m.).

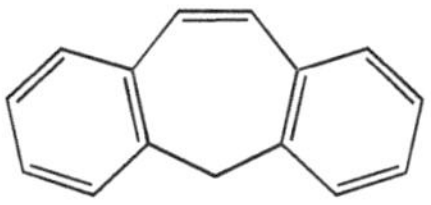

5*H*-Dibenso[*a*,*d*]cyklohepten

2. Numrering av ringsystemet (se avsnitt 3.3):

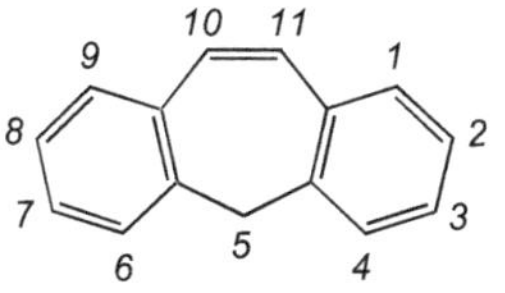

10
11
9
1
8
2
7
3
6
5
4

3. Substituering. Vid kolatom nr 5 i 5*H*-dibenso[*a*,*d*]-cyklohepten är den sammansatta gruppen 3-(dimetylamino)propyliden bunden. Ändelsen *-yliden* innebär att substituenten i fråga är bunden till stammen med två bindningar som utgår från en och samma atom (se s. 10). Kolkedjan är tre atomer lång (*prop*yliden), och längst bort från bindningsatomen sitter en dimetylamino-grupp.

Vad gäller ringsystemet kan vi notera det additiva prefixet *dihydro* (se avsnitt 1.3.2), som säger att två väteatomer har tillkommit, i detta fall ett H till var och en av kolatomerna nr 10 och 11. Tillförseln av två väteatomer innebär att dubbelbindningen mellan kol 10 och 11 nu är mättad.

3-(Dimetylamino)propyliden:

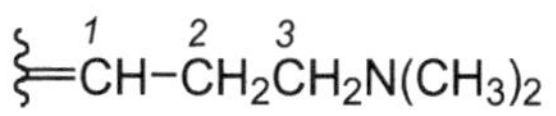

1 2 3
=CH–CH2CH2N(CH3)2

alternativt

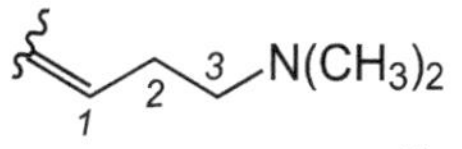

1
2
3
N(CH3)2

10,11-Dihydro-5*H*-dibenso[*a*,*d*]cyklohepten:

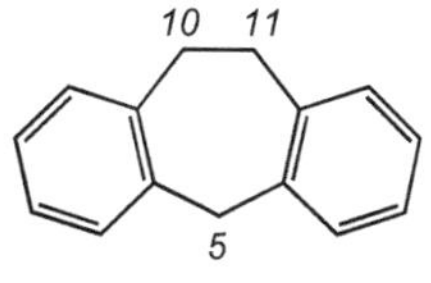

10
11
5

5-(3-Dimetylaminopropyliden)-10,11-dihydro-5*H*-dibenso[*a*,*d*]cyklohepten:

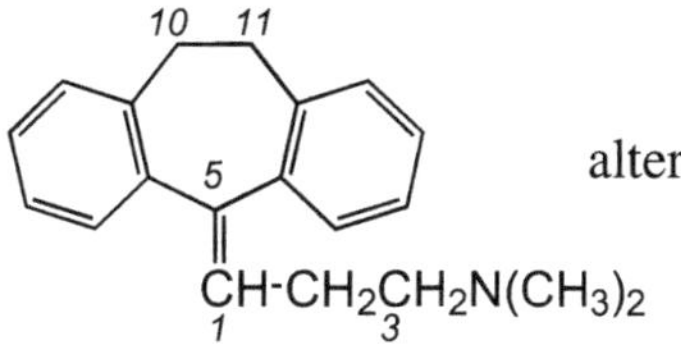

10
11
5
CH-CH2CH2N(CH3)2
1
3

alternativt

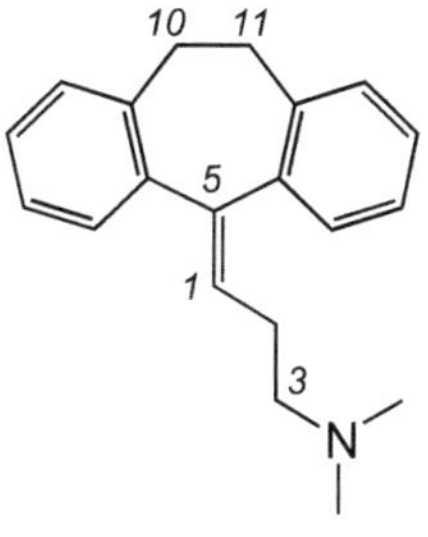

10
11
5
1
3
N

Till sist – kontrollera! Jämför gärna med olika uppslagsverk, förutom FASS även med t.ex. Merck Index, på www med Beilstein och SciFinder.

Tabeller

Innehåll

Förkortningar:
fs = funktionssuffix, se tabell 2 och 3
ks = kolvätesuffix, se kapitel 2
sp = substituentprefix, se tabell 1

Rationellt namn:
11β,17,21-trihydroxi-7α-kloro-16α-metylpregna-1,4-dien-3,20-dion

Prefix

Tabell 1. Nedanstående tabell upptar namn, huvudsakligen trivialnamnsbetonade, och formler för vissa vanligare grupper och radikaler som kan anges med prefix i organisk-kemisk nomenklatur.

Med skrivsätt som $H_3C-C_6H_4-$ (bindning till ringen i ospecificerad ställning) menas sammanfattningsvis ställningsisomera radikaler, i det aktuella fallet radikalerna:

$H_3C-C_6H_4-$ (orto), $H_3C-C_6H_4-$ (meta) och $H_3C-C_6H_4-$ (para)

Namn	Formel	Namn	Formel
Acetamido	CH_3-CO-NH-	Azo	-N=N-
Acetonyl	CH_3-CO-CH_2-	4-Azocinyl	(HN-ring, åttaring, numrering 1–4, bindning i ställning 4)
Acetoxi	CH_3-CO-O-		
Acetyl	CH_3-CO-	Bensal	C_6H_5-CH=
Acetylamino	CH_3-CO-NH-	Bensamido	C_6H_5-CO-NH-
Akryloyl	CH_2=CH-CO-	Bensensulfonyl	C_6H_5-SO_2-
Alanyl	CH_3-CH(NH_2)-CO-	Benshydryl	$(C_6H_5)_2$CH-
Allyl	CH_2=CH-CH_2-	Bensiloyl	$(C_6H_5)_2$C(OH)-CO-
Amidino (= guanyl)	H_2N-C(=NH)-	Bensiloyloxi	$(C_6H_5)_2$C(OH)-CO-O-
Amino	H_2N-	Bensoyl	C_6H_5-CO-
Aminometyl	H_2N-CH_2-	Bensyl	C_6H_5-CH_2-
Amyl	C_5H_{11}-	Bensyliden	C_6H_5-CH=
Anilino	C_6H_5-NH-	Brom / bromo	Br-
1-Aziridinyl	(aziridinring)N-	Butoxi	C_4H_9-O-
2-Aziridinyl	HN(1)-ring, bindning i ställning 2	Butyl	C_4H_9-

Namn	Formel
Butylamino	C_4H_9-NH—$\wr$
Butyryl	C_3H_7-CO—$\wr$
Cinnamoyl	C_6H_5-CH=CH-CO—$\wr$
Cinnamyl	C_6H_5-CH=CH-CH_2—$\wr$
Cyano	N≡C—$\wr$
Cyklohexyl	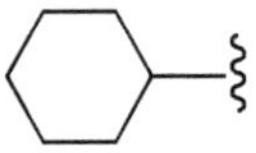 (cyklohexanring)—$\wr$
Decyl/dekyl	$C_{10}H_{21}$—$\wr$
Diazo	N_2=$\wr$
Diazoamino	$\wr$—N=N-NH—$\wr$
Dietanolamino	(HO-CH_2CH_2)$_2$N—$\wr$
Dietylamino	(C_2H_5)$_2$N—$\wr$
Dimetylamino	(CH_3)$_2$N—$\wr$
Ditio	$\wr$—S—S—$\wr$
Epoxi	$\wr$—O—$\wr$ (som brygga)
Etinyl	HC≡C—$\wr$
Etoxi	C_2H_5-O—$\wr$
Etyl	C_2H_5—$\wr$
Etylamino	C_2H_5-NH—$\wr$
Etylen	$\wr$—CH_2—CH_2—$\wr$
Etylenoxi	$\wr$—CH_2—CH_2-O—$\wr$
Etynyl	HC≡C—$\wr$
Fenacyl	C_6H_5-CO—$\wr$
Fenetyl	C_6H_5—CH_2—CH_2—$\wr$
Fenoxi	C_6H_5-O—$\wr$
Fentiazinyl	se s. 32

Namn	Formel
Fenyl	C_6H_5—$\wr$
Fenylen	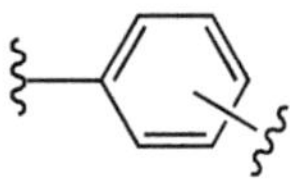 $\wr$—(bensenring)—$\wr$
Fluor / fluoro	F—$\wr$
Formyl	H-CO—$\wr$
Ftalimido	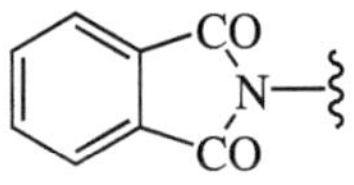 (bensenring)(CO)(CO)N—$\wr$
Ftaloyl	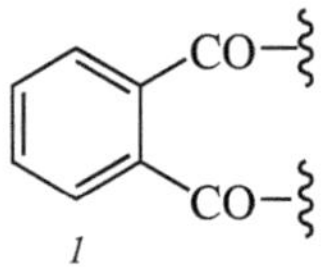 (bensenring)(CO—$\wr$)(CO—$\wr$)
Furfuryl (2- eller 3-)	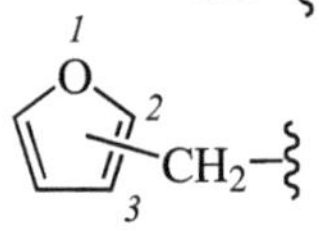 (furanring; 1 = O, 2, 3)CH_2—$\wr$
Furoyl (2- eller 3-)	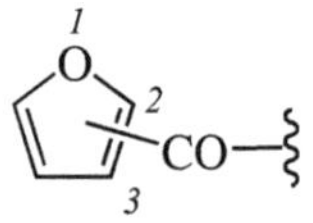 (furanring; 1 = O, 2, 3)CO—$\wr$
Furyl	se s. 33
Galloyl	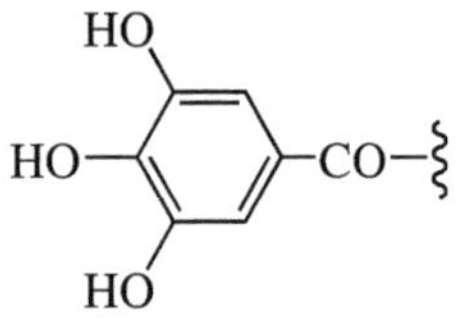 (HO)$_3$(bensenring)—CO—$\wr$
Glycyl	H_2N-CH_2-CO—$\wr$
Glykoloyl	HO-CH_2-CO—$\wr$
Guanidino	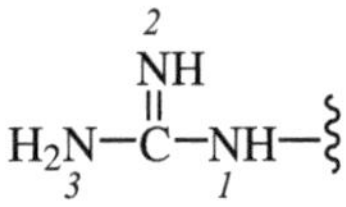 H_2N(3)—C(=NH (2))—NH(1)—$\wr$
Guanyl	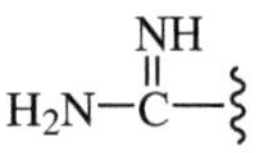 H_2N—C(=NH)—$\wr$
Heptyl	C_7H_{15}—$\wr$
Hexyl	C_6H_{13}—$\wr$
Hydrazino	H_2N-NH—$\wr$
Hydrazono	H_2N-N=$\wr$

Namn	Formel
Hydroxi	$HO-$
Imidazolyl	se s. 32
Imino	$HN=$
Indolyl	se s. 32
Isoamyl	$(CH_3)_2CH{\cdot}CH_2{-}CH_2-$
Isobutyl	$(CH_3)_2CH{\cdot}CH_2-$
Isocyano	$CN-$
Isokinolyl	se s. 33
Isonikotinoyl	C_5H_4N-CO-
Isopropenyl	$H_2C=C(CH_3)-$
Isopropyl	$(CH_3)_2CH-$
Isovaleryl	$(CH_3)_2CH{\cdot}CH_2{-}CO-$
Isoxazolyl	se s. 32
Jod / jodo	$I-$
Karbamoyl	$H_2N{-}CO-$
Karbamoyloxi	$H_2N{-}CO{-}O-$
Karbonyl	$O=C<$
Karboxi	$HO{-}CO-$
Keto	$O=$ (till samma atom)
Kinolyl	se s. 33
Klor / kloro	$Cl-$
Kloroformyl	$Cl{-}CO-$
Krotonoyl	$CH_3{-}CH{=}CH{-}CO-$
Krotyl	$CH_3{-}CH{=}CH{-}CH_2-$
Malonyl	$-C(=O){-}CH_2{-}C(=O)-$
Maloyl	$-C(=O){-}CH(OH){-}CH_2{-}C(=O)-$
Merkapto	$HS-$
Mesyl	$CH_3{-}SO_2-$
Metoxi	$CH_3{-}O-$
Metoxikarbonyl	$CH_3{-}O{-}CO-$
Metyl	CH_3-
Metylamino	$CH_3{-}NH-$
Metylen	$CH_2=$
Metylendioxi	$-O{-}CH_2{-}O-$
Morfolino	se s. 33
Morfolinyl	se s. 32 och 33
Naftoxi	se naftyloxi
Naftyl	se s. 25
Naftyloxi	$C_{10}H_7{-}O-$
Neopentyl	$(CH_3)_3C{-}CH_2-$
Nitrilo	$N\equiv$ (till samma atom)
Nitro	O_2N-

Namn	Formel
Nitroso	$ON{-}\wr$
Nonyl	$C_9H_{19}{-}\wr$
Oktyl	$C_8H_{17}{-}\wr$
Oxalyl	$\wr{-}\overset{\overset{O}{\Vert}}{C}{-}\overset{\overset{O}{\Vert}}{C}{-}\wr$
Oxazolyl	se s. 27 och 32
Oxo	$O{=}\wr$ (till samma atom)
Palmitoyl	$C_{15}H_{31}CO{-}\wr$
Pentyl	$C_5H_{11}{-}\wr$
Piperazinyl	se s. 28 och 32
Piperidino	se s. 33
Piperidyl	se s. 33
Pivaloyl	$(CH_3)_3C\text{-}CO{-}\wr$
Propanoyl	$C_2H_5\text{-}CO{-}\wr$
Propanoyloxi	$C_2H_5\text{-}CO{-}O{-}\wr$
Propargyl	$HC{\equiv}C{-}CH_2{-}\wr$
1-Propinyl	$CH_3{-}C{\equiv}C{-}\wr$
Propionyl	$C_2H_5\text{-}CO{-}\wr$
Propionyloxi	$C_2H_5\text{-}CO{-}O{-}\wr$
Propoxi	$C_3H_7\text{-}O{-}\wr$
Propyl	$C_3H_7{-}\wr$
Propyliden	$CH_3\text{-}CH_2\text{-}CH{=}\wr$
Pyranyl	se s. 28 och 32
Pyrazinyl	se s. 28 och 32

Namn	Formel
Pyrazolidinyl	se s. 27 och 32
Pyrazolinyl	se s. 27 och 32
Pyrazolyl	se s. 27 och 32
Pyridazinyl	se s. 28 och 32
Pyridyl	se s. 33
Pyrimidinyl	se s. 28 och 32
Pyrrolidino	se s. 33
Pyrrolidinyl	se s. 33
Pyrrolinyl	se s. 27 och 32
Pyrrolyl	se s. 27 och 32
Salicyl	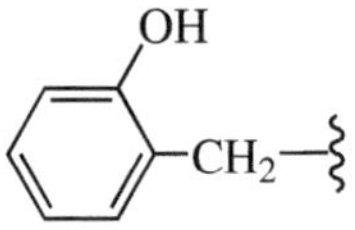 (bensenring med OH) $-CH_2{-}\wr$
Salicyliden	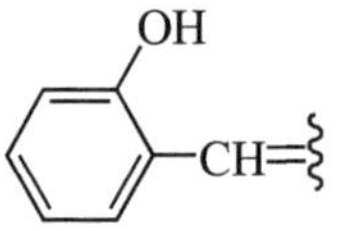 (bensenring med OH) $-CH{=}\wr$
Salicyloyl	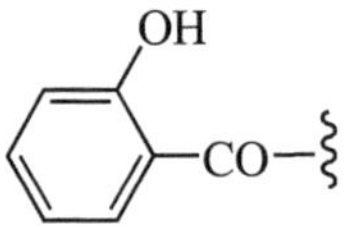 (bensenring med OH) $-CO{-}\wr$
Semikarbazido	$H_2N\text{-}CO\text{-}NH\text{-}NH{-}\wr$
Semikarbazono	$H_2N\text{-}CO\text{-}NH\text{-}N{=}\wr$
Stearoyl	$C_{17}H_{35}CO{-}\wr$
Styryl	se s. 25
Succinimido	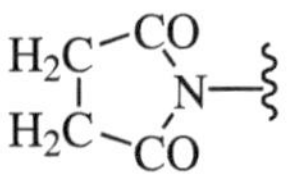 $H_2C{-}CO$, $H_2C{-}CO$, $N{-}\wr$ (ring)
Succinyl	$\wr{-}\overset{\overset{O}{\Vert}}{C}{-}CH_2\text{-}CH_2\text{-}\overset{\overset{O}{\Vert}}{C}{-}\wr$

Namn	Formel
Sulfamoyl	$H_2N\text{-}SO_2\text{—}\wr$
Sulfanilamido	$H_2N\text{-}C_6H_4\text{-}SO_2\text{-}NH\text{—}\wr$
Sulfeno	$HOS\text{—}\wr$
Sulfino	$HO\text{-}SO\text{—}\wr$
Sulfo	$HO\text{-}SO_2\text{—}\wr$
Sulfonamido	$\wr\text{—}SO_2\text{-}NH\text{—}\wr$
Sulfonyl	$\wr\text{—}SO_2\text{—}\wr$
Sulfonyloxi	$\wr\text{—}SO_2\text{-}O\text{—}\wr$
Tenyl	se s. 33
Tetrametylen	$\wr\text{—}CH_2\text{-}CH_2\text{-}CH_2\text{-}CH_2\text{—}\wr$
Tienyl	se s. 33
Tio	$\wr\text{—}S\text{—}\wr$
Tiobensoyl	$C_6H_5\text{-}CS\text{—}\wr$
Tiokarbamoyl	$H_2N\text{-}CS\text{—}\wr$
Tiokarbonyl	$S{=}C\langle$ (två fria valenser)
Tiocyano	$NCS\text{—}\wr$
Tioureido	$H_2N\text{-}CS\text{-}NH\text{—}\wr$
Tioxo	$S{=}\wr$ (till samma atom)
Tiuram	se tiokarbamoyl
Toluidino	$CH_3\text{-}C_6H_4\text{-}NH\text{—}\wr$ (tre isomerer)
Toluoyl	$CH_3\text{-}C_6H_4\text{-}CO\text{—}\wr$ (tre isomerer)

Namn	Formel
Tolyl	$CH_3\text{-}C_6H_4\text{—}\wr$ (tre isomerer)
Tosyl	$CH_3\text{-}C_6H_4\text{-}SO_2\text{—}\wr$ (para)
Trifluorometyl	$CF_3\text{—}\wr$
Trimetylammonio	$(CH_3)_3\overset{\oplus}{N}\text{—}\wr$
Trimetylen	$\wr\text{—}CH_2\text{-}CH_2\text{-}CH_2\text{—}\wr$
Trityl	se s. 25
Tropoyl	$C_6H_5\text{-}CH(CH_2OH)\text{-}CO\text{—}\wr$
Ureido	$H_2N\text{-}CO\text{-}NH\text{—}\wr$
Valeryl	$C_4H_9\text{-}CO\text{—}\wr$
Vanilloyl	CH_3O, HO-substituerad ring $\text{—}\wr$
Vinyl	$H_2C{=}CH\text{—}\wr$
Xylidino	$(CH_3)_2C_6H_3\text{-}NH\text{—}\wr$
Xylyl	se s. 25

Suffix

Tabell 2. Några vanligare ändelser som i modern organisk-kemisk nomenklatur används för att beteckna olika funktioner. Endast ändelser för enkla funktioner har medtagits (således ej -dien, -trien o.s.v.).

Den formeldel som står till höger om den streckade linjen anger vilken grupp som respektive suffix syftar på. R = alkyl eller aryl.

Suffix	**Funktion**	**Formel**
-al	aldehyd	R—C(=O)H
-amid	–	R—C(=O)NH_2
-amidin	–	R—C(=NH)NH_2
-amin	primär amin	R—NH_2
	sekundär amin	R_1, R_2 >NH
	tertiär amin	R_1, R_2, R_3 >N
-an	mättat kolväte	–
-anhydrid	syraanhydrid	R—C(=O)—O—C(=O)—R
-anilid	–	R—CO—NH-C_6H_5
-at	ester eller salt	–

Suffix	Funktion	Formel
-bromid (efter acylnamn)	syrabromid	R—CO—Br
-en	kol-koldubbelbindning	–
-ester	–	R_1—C(=O)—O—R_2
-eter	–	R_1—O—R_2
-hydrazid	–	R—C(=O)—NH-NH_2
-hydrazin	–	R—NH-NH_2
-hydrazon		R_1R_2C=N-NH_2
-hydroxylamin	–	R—NH-OH
-imid	–	R(CO)(CO)NH
-in	kol-koltrippelbindning	–
-inium	bl.a. cyklisk kvartär ammoniumförening	–
-isocyanat	–	R—NCO
-isocyanid	–	R—NC
-isotiocyanat	–	R—NCS
-karbamid	–	R—NH-CO-NH_2

Suffix	Funktion	Formel
-karbohydrazid	(jfr hydrazid)	R—CO-NH-NH_2
-karboxamid	(jfr amid)	R—CO-NH_2
-karbonitril	(jfr nitril)	R—CN
-karbonyl	syraradikal	R_1>CO
-karbonsyra	syra	R—COOH
-karbonylhalogenid	syrahalogenid	R—CO-Hlg
-karboxylat	ester eller salt	–
-karboxylsyra	syra	R—COOH
-klorid (efter acylnamn)	syraklorid	R—CO—Cl
-nitril	–	R—C≡N
-ol	alkohol eller fenol (även heterocyklisk femring, s. 27)	R—OH
-on	keton	R_1, R_2 >=O
-onium	kvartär ammoniumförening	–
-oxim	–	R_1, R_2 >=N—OH
-semikarbazon	–	R_1, R_2 >=N—NH—CO—NH_2
-sulfensyra	–	R—SOH
-sulfinsyra	–	R—SO_2H
-sulfonsyra	–	R—SO_3H

Suffix	Funktion	Formel
-syra	(jfr karboxylsyra)	$R-C(=O)OH$
-tiol	merkaptan	$R-SH$
-tiosemikarbazon	–	$R_1R_2C=N-NH-CS-NH_2$
-toluidid	–	$R-CO-NH-C_6H_4-CH_3$
-xylidid	–	$R-CO-NH-C_6H_3(CH_3)_2$
-yliden	tvåvärd radikal, s. 10	–
-yn	kol-koltrippelbindning	–

Rangordning inom ett urval funktionella grupper

Tabell 3. Viktiga grupper som kan anges både som prefix och suffix. Kolatomer inom parentes tillhör huvudkedjan och ingår inte i den molekyldel som anges med prefix eller suffix.

Ämnesklass	**Formel**	**Prefix**	**Suffix**
Katjon	–	-onio	-onium
Karboxylsyra	-COOH	karboxi	-karboxylsyra
	-(C)OOH	–	-syra (-oic acid)
Sulfonsyra	$-SO_3H$	sulfo	-sulfonsyra
Ester	-COOR	R-oxikarbonyl	R . . . karboxylat
	-(C)OOR	–	R . . . oat
Syrahalogenid	-COHlg	haloformyl, halokarbonyl	-karbonylhalid
	-(C)OHlg	–	-oylhalid
Amid	$-CONH_2$	karbamoyl	-karboxamid
	$-(C)ONH_2$	–	-amid
Nitril	-CN	cyano	-karbonitril
	-(C)N	–	-nitril
Aldehyd	-CHO	formyl	-karbaldehyd
	-(C)HO	oxo	-al
Keton	>(C)O	oxo	-on
Alkohol, fenol	-OH	hydroxi	-ol
Tiol	-SH	merkapto	-tiol
Amin	$-NH_2$	amino	-amin
Imin	=NH	imino	-imin

Sakregister

A

B

C